Sammlung Göschen Band 1138

Fortpflanzung im Tier- und Pflanzenreich

Von

Prof. Dr. J. Hämmerling

Max Planck-Institut für Meeresbiologie Wilhelmshaven

Zweite, ergänzte Auflage

Mit 101 Abbildungen

Walter de Gruyter & Co.

vormals G. J. Göschen'sche Verlagshandlung · J. Guttentag, Verlagsbuchhandlung · Georg Reimer · Karl J. Trübner · Veit & Comp.

Berlin 1951

Archiv-Nr. 11 11 38

Druck von Walter de Gruyter & Co., Berlin W 35

Einteilung.

Schriftenverzeichnis.

Zur Weiterbildung sei auf folgende Werke verwiesen:

1. Handwörterbuch der Naturwiss. 2. Aufl. Jena: Aufsätze verschiedener Autoren über alle hier behandelten Fragen.

2. Hartmann, Max, Allgemeine Biologie. 3. Aufl. Jena 1947: enthält in den entsprechenden Abschnitten die einzige bisher erschienene Übersicht über die Fortpflanzung aller Organismengruppen.

In diesen beiden Werken finden sich auch die Hinweise auf die Originalarbeiten. Dort nicht angeführte, meist neuere Originalarbeiten sind aus den Fußnoten dieses Heftes zu entnehmen.

3. Hartmann, Max, Die Sexualität. Jena 1943.

4. Meisenheimer, Geschlecht und Geschlechter im Tierreich. Jena.

5. Die üblichen Lehrbücher der Zoologie und Botanik.

6. Ergänzungen innerhalb der Sammlung Göschen:
Hartmann, Geschlecht und Geschlechtsbestimmung im Tier- und Pflanzenreich. 2. Aufl. 1949. Bd. 1127.
Geitler, Morphologie und Organographie der Pflanzen. 2. Aufl. 1945. Bd. 141.

I. Einleitung.

Die Fortpflanzung, die Entstehung neuer Individuen aus den vorhandenen, ist das einzige Mittel zur Erhaltung der Kontinuität des Lebens. Denn die Lebensdauer aller Organismen als Individuen ist begrenzt. Die Fähigkeit zur Fortpflanzung ist von jeher als eines der fundamentalen Kennzeichen angesprochen worden, durch welche die Lebewesen von den nichtlebenden Naturkörpern scharf unterschieden erscheinen. In neuester Zeit hab n sich jedoch die Gren en zwischen leblos und lebendig merklich verwischt. Es ist gelungen, pflanzliche Viren — ultramikroskopische Parasiten — zu isolieren und ihre chemische Struktur weitgehend aufzuklären. Im Reagenzglas können sie als leblose chemische Substanzen aufbewahrt werden, werden aber nur einige oder gar eines dieser Molekel in die Wirtspflanze eingeimpft, so ist nach kurzer Zeit eine riesige Menge neuer gleichartiger Molekel vorhanden. Das kann nach allen vorliegenden Erfahrungen kaum anders gedeutet werden, als daß die Virusmoleküle in der Pflanze die Fähigkeit, sich selbst zu erzeugen, also sich fortzupflanzen, erlangen Ähnlich liegen die Verhältnisse bei den Bakteriophagen. Die in diesen Erkenntnissen sich abzeichnende Überbrückung zwischen lebendigen und leblosen Naturkörpern dürfte eine wichtige Entwicklungsrichtung der gesamten Biologie eingeleitet haben.

Der Umstand, daß ein Organismus stets seinesgleichen erzeugt, wird oft als selbstverständlich hingenommen, jedoch verbirgt sich dahinter das ganze Problem der Vererbung. Die Fortpflanzung ist deshalb die Grundlage und Voraussetzung der Vererbung, sie dient, anders ausgedrückt, in jedem Einzelfalle der Erhaltung der Art. Die Gesetze der Vererbung selbst sind aber natürlich nicht Gegenstand einer Darstellung über die Fortpflanzungserscheinungen.

Auf keinem Gebiete hat die Natur eine so verschwenderische Phantasie entfaltet wie auf dem der Fortpflanzung. Unzählige

Einrichtungen, angefangen z. B. von der Anlockung der Geschlechter bis zu komplizierten, genau aufeinander abgestimmten Begattungsorganen dienen der Sicherung der Fortpflanzung. Alle Vorgänge und Vorrichtungen, die nur mittelbar oder äußerlich mit der Fortpflanzung zu tun haben, werden in dieser Darstellung nicht berücksichtigt. Es sollen hier vielmehr nur die mehr oder weniger unmittelbaren, also wesentlichen Fortpflanzungserscheinungen berücksichtigt werden. Die Bestimmung und Vererbung des Geschlechtes ist in einem besonderen Bande der Sammlung Göschen (Hartmann, Bd. 1127) dargestellt worden. Beide Bände zusammen geben einen Überblick über den gegenwärtigen Stand der Dinge.

Die Fortpflanzung ist vollzogen, wenn das neue Individuum angelegt ist. Meist macht es anschließend noch eine Entwicklung durch, wie z. B. die befruchtete Eizelle der höheren Tiere. Diese hat nichts mehr mit der Fortpflanzung zu tun, die Fortpflanzung ist vielmehr, um beim Beispiel zu bleiben, beendet, wenn Ei und Sperma miteinander verschmolzen sind.

Zweckmäßig wird zwischen Morphologie und Physiologie der Fortpflanzung unterschieden. Die Aufklärung der morphologischen Verhältnisse, d. h. in unserem Falle dessen, was geschieht, hat bereits ihren Wert in sich, sie ist aber außerdem die unerläßliche Grundlage für alle physiologischen Fragestellungen. Die Physiologie der Fortpflanzung umfaßt alle Untersuchungen, welche sich bemühen, die im Fortpflanzungsgeschehen wirkenden Kräfte zu ermitteln. Da die Fortpflanzung zu den fundamentalen Lebensvorgängen gehört, so hat ihre morphologische Seite eine umfassende Untersuchung erfahren. In dieser Hinsicht sind daher alle wesentlichen Erscheinungen heute gut bekannt und prinzipiell neue Entdeckungen kaum mehr zu erwarten. Aus demselben Grunde ist es aber auch nicht verwunderlich, daß die physiologischen Grundgesetzmäßigkeiten noch weitgehend unbekannt sind. Nur in die Physiologie der Befruchtung haben sich in den letzten Jahren überraschend tiefe Einblicke gewinnen lassen. —

II. Morphologie der Fortpflanzung.

A. Allgemeines

Die Fortpflanzung geht in der Regel von Zellen aus. Jede Zelle besteht — ebenfalls in der Regel — aus Protoplasma und Kern. Zellen und ihre Kerne entstehen nur aus ihresgleichen, der Protoplast aus dem Protoplasten und der Kern aus einem Kern. Deshalb ist die Fortpflanzung solcher Zellen untrennbar mit dem Problem der Zell- und Kernteilung verknüpft, morphologisch sowohl als insbesondere physiologisch. Daher kann zur Aufklärung der Frage nach den Ursachen der „einfachen" Zweiteilung eines Einzellers auch jede Teilung einer gewöhnlichen Körperzelle eines Vielzellers als Modell dienen.

Der Plasmaleib der Fortpflanzungszellen und der Zellen, aus denen sie entstehen, wird meist durch einfache Zerschnürung zweigeteilt. Ihr Kern teilt sich stets auf indirektem Wege mitotisch oder meiotisch (sog. Karyokinese). Einzelheiten über diese Vorgänge können hier nicht behandelt werden, eine kurze Darstellung der Mitose und Meiose findet sich S. 43; vgl. auch Abb. 37 S. 42 u. 74, S. 84. Die früher häufigen Angaben über direkte, amitotische Kernteilung bei gewissen durch Zweiteilung sich fortpflanzenden Protozoen beruhen offensichtlich auf Beobachtungsfehlern. Direkte Kernteilung scheint zwar vorzukommen, jedoch nur bei spezialisierten Körperzellen von Metazoen, die nicht der Fortpflanzung dienen.

Besitzen kernhaltige Zellen sonst einen oder mehrere gleichartige Kerne, so besitzt eine Einzellerklasse, die Ziliaten oder Infusorien, zwei verschiedene Kerne, einen Großkern, den Makronukleus und einen Kleinkern, den Mikronukleus. Der Mikronukleus teilt sich bei ungeschlechtlicher Fortpflanzung mitotisch, bei geschlechtlicher Fortpflanzung meiotisch. Der Makronukleus teilt sich nur bei ungeschlechtlicher Fortpflanzung, bei geschlechtlicher geht er zu Grunde und wird aus dem Mikronukleus neugebildet (S. 64f.). Seine Teilung scheint, wie Abb. 1 zeigt, amitotisch zu sein. In Wirklichkeit ist die Teilungsart jedoch noch ungeklärt. Wahrscheinlich besteht er aus einer Anhäufung von Einzelkernen. Wie diese sich teilen, ist unbekannt. Unter bestimmten Bedingungen kann bei geschlechtlicher Fortpflanzung ein kleines Bruchstück des alten Makronukleus erhalten bleiben, aus dem dann ein neuer vollständiger Makronukleus entsteht. Die Neubildung vom Mikronukleus her fällt in diesem Falle aus. Hat der von den beiden Eltern stammende Mikronukleus nun eine andere Genzusammen-

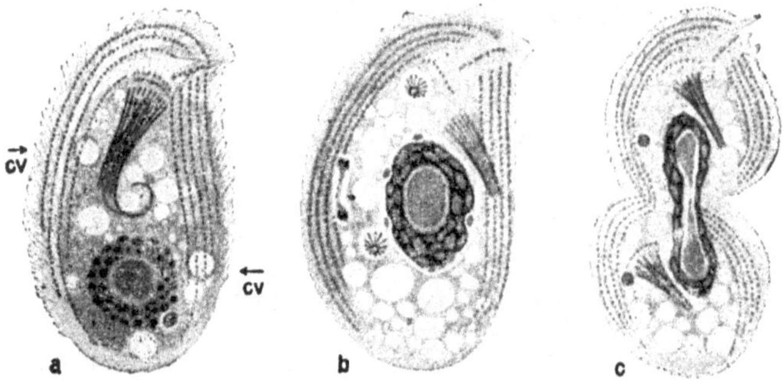

Abb. 1. *Chilodon uncinatus* (Ziliat). Vegetatives Stadium und Querteilung (alles in Ventralansicht). „Amitose" des Makronukleus. In *a* unten, in *b* und *c* in der Mitte gelegen. Mikronukleus in *a* rechts unten, in *b*—*c* links vom Makronukleus gelegen. Auf *b* die Entstehung der neuen Reusenfibrillen und Degeneration der alten Reuse sichtbar. *cv* = kontraktile Vakuole. Vergr. 975fach. Aus Hartmann.

setzung als der alte Makronukleus, so weisen die Individuen die dem Makronukleus entsprechenden Merkmale auf. Also enthält dieser auch in kleinen Bruchstücken mindestens einen vollständigen Satz von Genen und damit wohl Chromosomen, denn in diesen sind die Gene lokalisiert. Gleichzeitig zeigen diese Versuche, daß für die Merkmalsbildung am Individuum nur der Makronukleus verantwortlich ist. Auch haben sich einige künstlich mikronukleuslos gemachte Infusorienarten als voll lebensfähig erwiesen. Der Mikronukleus dagegen ist für die Weitergabe der Gene von Generation zu Generation verantwortlich, denn im Normalfall wird der Makronukleus bei geschlechtlicher Fortpflanzung ja aufgelöst. Beide Kerne sind also nicht nur morphologisch verschieden, sondern auch physiologisch verschiedenartig[1]).

[1]) Sonneborn 1947, Advances in Genetics **1**, 264—358; Schwartz 1949, Naturw. **36**, 182—181.

Bei den Zellen der Spirochaeten und Blaualgen sind Kerne bisher nicht nachgewiesen worden. Jedoch dürften sie Kernäquivalente besitzen. Auch die Bakterien galten ja bis vor kurzem als kernlose Gebilde. Wie aus Vererbungsversuchen hervorgeht, besitzen sie jedoch wahrscheinlich individualisierte Gene, manches spricht sogar dafür, daß diese in Chromosomen oder ähnlichen Gebilden vereinigt sind. Auch direkte Beobachtungen weisen darauf hin, daß sie Kernäquivalente enthalten[1]).

Die Bakteriophagen (Bakterienfresser) können wir auf der einen Seite als Großviren bezeichnen, auf der anderen aber als Kleinstzellen, nachdem sich in elektronenmikroskopischen Aufnahmen gezeigt hat, daß sie morphologische Differenzierungen aufweisen wie Kopf und Schwanz oder Geißel. Auch sie besitzen in sich kleinste Struktureinheiten, die bei Abtötung vorübergehender Inaktivierung durch U.V.-Strahlen nicht ersetzbar sind und die wir wohl als genetische Elemente bezeichnen dürfen. Die Vermehrungsart der Phagen als Ganzer ist noch unerforscht. Sie dringen bekanntlich in Bakterien ein. Schon nach 20—40 Minuten können durch einen Zerfallsvorgang aus einem eingedrungenen Partikel hundert und mehr Phagen entstehen, die unter Zerstörung des Bakteriums (Lyse) freigesetzt werden. Die Vermehrung erfolgt nur in den Bakterien.

Über die Kleinviren ist bisher nur bekannt, daß sie sich vermehren. Es ist aber zu erwarten, daß die Versuche an solchen einfachsten Körpern den bisher noch ins Dunkle gehüllten Mechanismus ihrer Reduplikation und damit das Wesen der Fortpflanzung dem Verständnis näher bringen. Die Kleinviren können zwar nicht mehr als Zellen bezeichnet werden, doch dürften von ihnen bis zu den Bakteriophagen und von diesen zu den Bakterien als sicher „echten" Zellen gehend, die Unterschiede nur gradueller, nicht prinzipieller Art sein. Grenzen, die wir aus einem Ordnungsbedürfnis heraus ziehen, erweisen sich vor der Natur oft als fließend.

---

[1]) Luria 1946, Cold Spring Harbor Symp. Quant. Biol. **11**, 130; 1947 Bacteriol. Reviews **11**, 1; Piekarski 1939, Arch. f. Mikrobiol. **10**, 302—309.

[1]) Delbrück 1946, Biol. Reviews **21**, 30; 1947 Naturw. **34**, 301—306; 1949 Naturwiss. Rundschau **2**, 301—306.

B. Die beiden Arten der Fortpflanzung.

Es gibt zwei verschiedene Arten der Fortpflanzung, die geschlechtliche und die ungeschlechtliche. Bei der geschlechtlichen Fortpflanzung oder Gamogonie geht die Fortpflanzung stets von geschlechtlich differenzierten Keimzellen aus, in der Regel ist sie mit einer Befruchtung, d. h. mit der Verschmelzung einer männlichen und einer weiblichen Keimzelle verbunden. Bei der ungeschlechtlichen Fortpflanzung spielen Geschlechtszellen keine Rolle.

Eine Reihe von Organismen pflanzt sich nur geschlechtlich fort, z. B. die meisten höheren Tiere und viele, aber nicht alle höheren Pflanzen (wobei von der bei allen höheren Pflanzen vorkommenden, aufs äußerste rückgebildeten agamen Fortpflanzung abgesehen sei, s. S. 92ff.). Bei anderen Organismen ist nur ungeschlechtliche Fortpflanzung bekannt. Das gilt von verschiedenen Einzellern, von allen Blaualgen und Spirochaeten. Die fehlende Beobachtung schließt aber das Vorkommen geschlechtlicher Fortpflanzung nicht aus. Auch für die Bakterien galt es bis vor kurzem als feststehend, daß sie sich nur ungeschlechtlich vermehren. Vererbungsversuche an ihnen haben aber gezeigt, daß sie daneben auch geschlechtliche Fortpflanzung besitzen.

Ebenso kommen bei anderen Organismen beide Fortpflanzungsarten vor, z. B. bei vielen Einzellern, bei niederen und höheren Pflanzen, unter den Tieren bei Hydrozoen, Würmern u. a. Auch bei den Bakteriophagen ist geschlechtliche Fortpflanzung anzunehmen. Ob sie sich auch ungeschlechtlich vermehren, wie allgemein angenommen wird, ist in Wirklichkeit unbekannt. Der auf S. 9 geschilderte Zerfall in viele kleine Partikel könnte das Äquivalent einer Bildung von „Geschlechtszellen" sein.

Offenbar gehört die Sexualität zu einer Grunderscheinung des Lebens. Ihre Bedeutung liegt in der durch sie ermöglichten Trennung und Umkombination von Genen, die bei rein ungeschlechtlicher Vermehrung nicht möglich wäre. Hierdurch werden im Zusammenhange mit Mutationen (Abänderung von Genen mit veränderter Wirkungsweise) immer wieder Typen geschaffen, die an abgeänderte Milieuverhältnisse angepaßt sind und so den Untergang der Art verhindern und darüber hinaus die Grundlage für die Evolution darstellen. Zum mindesten sind in geologischen Zeiträumen die Aussichten des Überlebens bei geschlechtlicher Fortpflanzung größer als bei rein ungeschlechtlicher Vermehrung.

C. Ungeschlechtliche Fortpflanzung.

1. Agamogonie.

a) Zweiteilung.

Wenn die ungeschlechtliche Fortpflanzung von einer einzigen Zelle ausgeht, so spricht man von einer Agamogonie, wohl auch von einer zytogenen Agamogonie. Im Gegensatz zu den geschlechtlichen Keimzellen, den Gameten, werden die ungeschlechtlichen Keimzellen als Agameten bezeichnet.

Im einfachsten Falle bildet das Individuum nicht Keimzellen aus, sondern ist selbst Agamete, d. h. es findet Zweiteilung statt, wie es bei vielen Einzellern der Fall ist. Als allgemeine Regel gilt hierbei, daß die Zellteilung senkrecht zur Spindelachse erfolgt. Bestehende Ausnahmen werden im folgenden angeführt. Die Zellteilung erfolgt außerdem entweder parallel zur Längsachse des Individuums (= Längsteilung) oder ± senkrecht dazu (= Querteilung) oder bei anscheinend achsenlos gebauten Einzellern richtungslos. Ob es allerdings solche Einzeller wirklich gibt, läßt sich kaum sicher sagen. Bei Amöben (Rhizopoden) ist z. B. oft keine besondere Achse zu erkennen, sie könnte aber struktureller, optisch nur nicht erkennbarer Art sein. Bei radiärsymmetrisch gebauten Einzellern, z. B. Heliozoen (Rhizopoden), kann die Zellteilung offenbar in jeder Ebene erfolgen.

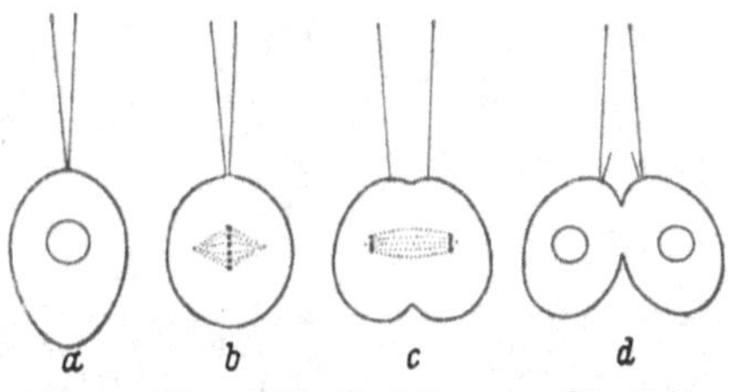

Abb. 2. Schematische Darstellung der Längsteilung einer Flagellatenzelle. *a* vegetative Zelle; *b* Kern in Metaphase; *c* die Plasmafurchung beginnt, Kern in Anaphase; *d* Plasmateilung weiter fortgeschritten, jede Tochterzelle bildet eine neue Geißel. Kreise = Kern, oben die Geißeln. Nach Geitler.

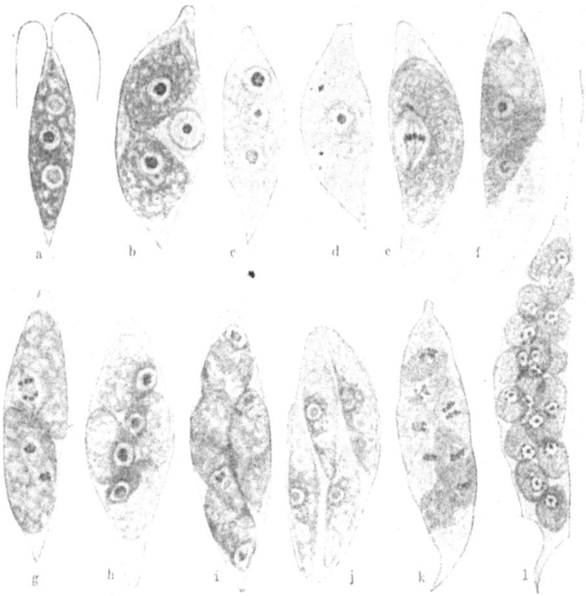

Abb. 3. *Chlorogonium elongatum* (Flagellat). *a* Vegetative Form, *b—j* Stadien der agamen Fortpflanzung, Schrägteilung; *b—d* Auflösung der Pyrenoide; *e* erste Mitose; *f—h* Zwei- und Vierteilung; *i, j* Bildung der neuen Pyrenoide; *k, l* Endstadien der Gametenbildung; *k* Achtzellenstadium mit Mitosen (10 Chromosomen); *l* ein Sechszehnzellenstadium (= Gameten). Nach fixierten und gefärbten (Safranin-Lichtgrün) Präparaten. Vergr. 1300fach. Nach Hartmann.

Längsteilung kommt bei den Flagellaten (Geißeltierchen) vor (Abb. 2). Bei Trypanosomen findet ebenfalls Längsteilung statt, jedoch nicht senkrecht zur Spindelachse. Infolge des schmalen Körpers kann sich die Spindel hier nur schräg stellen. Bei *Chlorogonium* findet als Abweichung unter den Flagellaten keine reine Längsteilung, sondern Schrägteilung, aber senkrecht zur Spindelachse statt (Abb. 3). Auch die pennaten Diatomeen (Kieselalgen) teilen sich längs. Das führt infolge ihres Baues zu einer Besonderheit. Die Kieselhüllen passen ineinander wie Deckel und Boden einer Schachtel. Bei

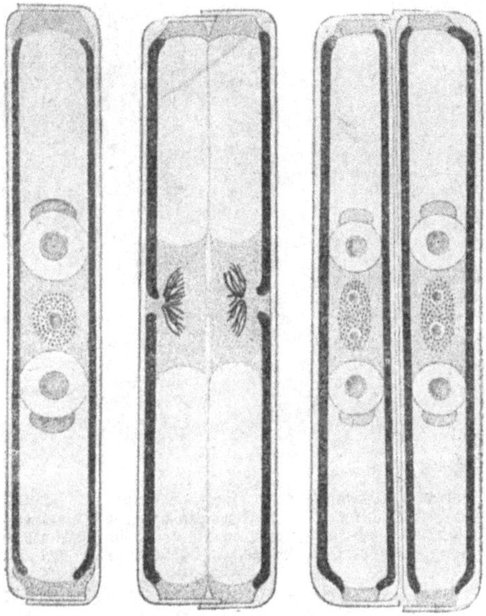

Abb. 4. Zellteilung einer Kieselalge (*Pinnularia oblonga*). Links: vegetative Zelle: im Zentrum der Kern in Plasmabrücke, zu beiden Seiten kugelige Stoffwechselprodukte, rechts und links je eine Chromatophorenplatte; Mitte: Kernteilung (Telophase); auch das Plasma in Teilung; die Membranhälften rücken auseinander; Rechts: jede Tochterzelle hat eine neue Membran gebildet; die rechte Zelle ist um die doppelte Membrandicke länger als die linke. Ca. 470fach. Nach Lauterborn

der Teilung weichen beide Teile auseinander. Die neue Hülle wird stets als Boden angelegt (Abb. 4).. Daher entstehen immer kleiner werdende Zellen, je mehr Teilungen stattgefunden haben. Schließlich würden die Zellen so klein werden, daß sie nicht mehr lebensfähig wären. Vor diesem Stadium tritt der ganze Zellinhalt ohne Teilung aus der Kieselhülle heraus, dehnt sich aus und umgibt sich mit einer neuen Hülle. Dieser Vorgang (meist mit geschlechtlicher Fortpflanzung verbunden) wird als Auxosporenbildung bezeichnet. Wenn die Auxosporenbildung experimentell verhindert wird, so gehen die Zellen ein.

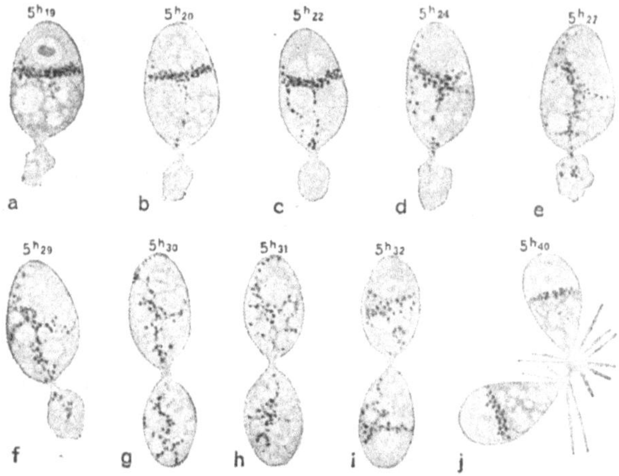

Abb. 5. Teilung von *Chlamydophrys minor* (Rhizopode). Zehn Stadien desselben lebenden Individuums. Die Zeiten sind bei jedem Stadium verzeichnet; in *c* steht die Spindel noch waagerecht, in *g* die beiden Tochterkerne nach Drehung der Spindel. Vergr. ca. 765fach. Nach Belar.

Primäre Querteilung kommt bei den Bakterien und Ziliaten vor (Abb. 1, S. 8). Auch einige Thekamöben (Rhizopoden) teilen sich quer, z. B. *Chlamydophrys*, doch ist diese Querteilung sekundärer Art (Abb. 5). Infolge der starren Hülle ist eine Längsteilung nicht möglich. Arten mit sehr dünner Hülle teilen sich noch längs. Auch bei den sich querteilenden Arten ist der Ansatz zu einer Längsteilung noch deutlich erkennbar. Die Spindel steht nämlich zunächst quer zur Längsachse und dreht sich erst im Verlaufe der Mitose.

Wie bei der Zellvermehrung überhaupt, erfolgt auch bei der einfachen agamen Fortpflanzung in der Regel erst die Kernteilung, danach die Teilung des Zelleibes. Doch gibt es davon Ausnahmen, bei denen die Zellteilung bereits eingeleitet wird, ehe Veränderungen am Kern sichtbar sind, z. B. bei *Chlamydomonas* und bei *Chlamydophrys* (Abb. 5a).

Das Grundschema der geschilderten Zweiteilungen ist: Teilung der „Mutterzelle" in zwei halb so große Tochterzellen

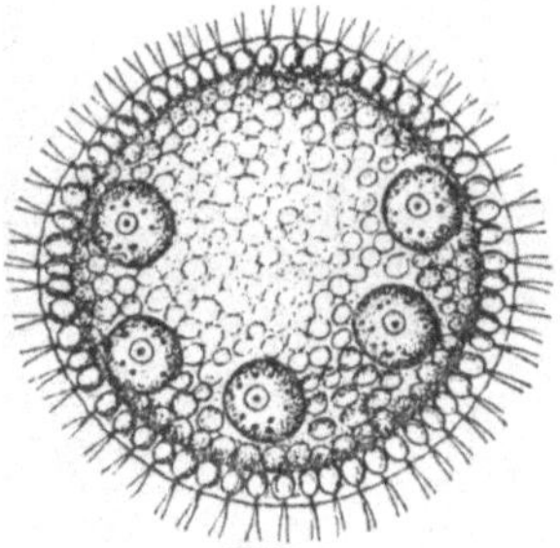

Abb. 7.

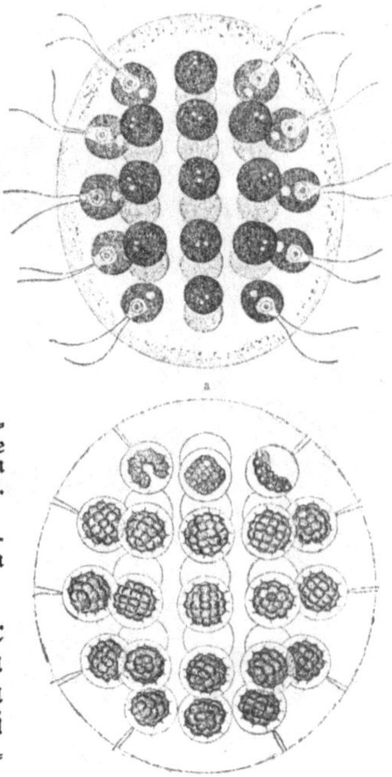

Abb. 6.

Abb. 6. *Eudorina elegans* (koloniebildender Flagellat). *a* Erwachsene Kolonie, *b* Sukzedanteilungen am Ende der Wachstumsperiode. Vergr. ca. 250fach. Nach Belar.

Abb. 7. Junger *Volvox aureus* (*minor*) mit kleinen somatischen Zellen und fünf Agameten. Nach Stein.

die wieder auf die Größe der Mutterzelle heranwachsen, um sich dann von neuem zu teilen usf. Die Zeit, die zwischen zwei Teilungen vergeht, die Teilungsrate, ist unter konstanten Außenbedingungen gleichbleibend (Beispiele S. 123 u. Abb. 101). Je nach dem Organismus beträgt sie nur mehrere Stunden bis mehrere Tage. Mitunter wird dieses einfachste Schema durchbrochen, indem Sukzedanteilungen erfolgen, d. h. es folgen ohne dazwischen geschaltetes Wachstum mehrere Kern- und Zellteilungen aufeinander. So teilt sich der Flagellat *Chlorogonium* (Abb. 3 S. 12) in der Regel zwei- oder dreimal hintereinander in 4 oder 8 Tochterzellen. Doch findet selten auch gewöhnliche Zweiteilung statt. Die Sukzedanteilung steht also nicht in prinzipiellem Gegensatz zur Zweiteilung. Bei *Eudorina elegans* (Abb. 6), einem koloniebildenden 32zelligen Flagellaten, finden

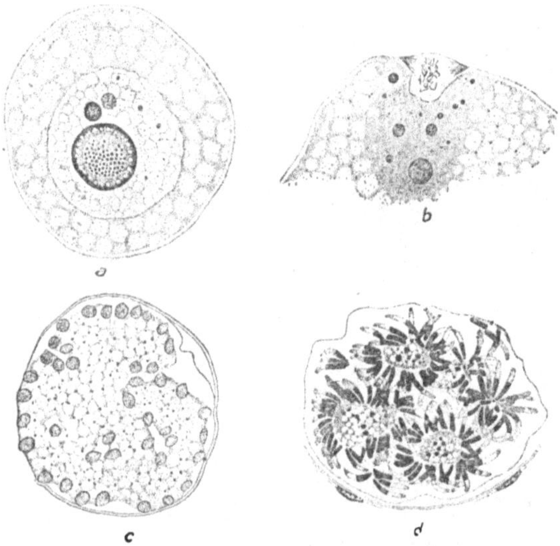

Abb. 8. Zerfallsteilung (Schizogonie) von *Aggregata Eberthi* (Coccid, Sporozoa). *a* erwachsener Agamont; *b* erste Kernteilung; *c* durch Sukzedanteilungen entstanden viele Kerne ohne Plasmateilung; *d* um jeden Kern hat sich nachträglich eine Zelle abgegrenzt, wobei nicht alles Plasma verbraucht wird, sondern Restkörper übrigbleiben. Vergr. *a*, *b* ca. 530fach, *c*, *d* 450fach. Nach Léger und Duboscq.

unter gleichmäßigen Außenbedingungen alle 5 Tage fünf synchrone Teilungen hintereinander statt, so daß sich eine Kolonie in 32 Kolonien aufteilt, die ebenfalls 32zellig sind. Noch größer ist die Zahl der Sukzedanteilungen bei *Volvox* (Abb. 7). Das Extrem ist bei der Gregarine *Aggregata*, einem Sporozoon (Abb. 8), und anderen Protisten erreicht, wo der Kern sehr stark heranwächst und sich dann sehr schnell und sehr oft hintereinander in kleine Kerne teilt, wozu noch die Besonderheit kommt, daß sich das Plasma zunächst nicht mitteilt. In solchen Fällen wird oft die Bezeichnung multiple Teilung angewendet. Jedoch ist die Ausdrucksweise nicht ganz zweckmäßig. Zweckmäßiger dagegen ist es, zwischen Sukzedan-

und Simultanteilungen zu unterscheiden, Sukzedanteilungen, wenn die Teilungen nacheinander, Simultanteilungen, wenn sie ± gleichzeitig erfolgen. Ein Kern kann natürlich nur Sukzedanteilungen durchmachen, dagegen können mehrkernig gewordene Zellen simultane Plasmateilung aufweisen. Das ist z. B. bei *Aggregata* (Abb. 8) und bei dem Malariaerreger *Plasmodium vivax* der Fall, wo sich ± gleichzeitig um jeden schon früher entstandenen Kern eine Portion Plasma abgrenzt. Auch bei dieser Teilungsart gibt es Übergänge zur einfachen Zweiteilung, z. B. bei dem Flagellaten *Trypanosoma lewisi*.

Eine letzte seltene Variation kommt schließlich bei *Ephelota* und anderen Suktorien vor, die Zellknospung. Bei *Ephelota* entstehen zudem mehrere Knospen (Abb. 9. Die Zellknospung kommt durch eine inäquale Zellteilung zustande, so daß eine größere, am Stiel verbleibende, und mehrere kleinere, sich ablösende Zellen entstehen.

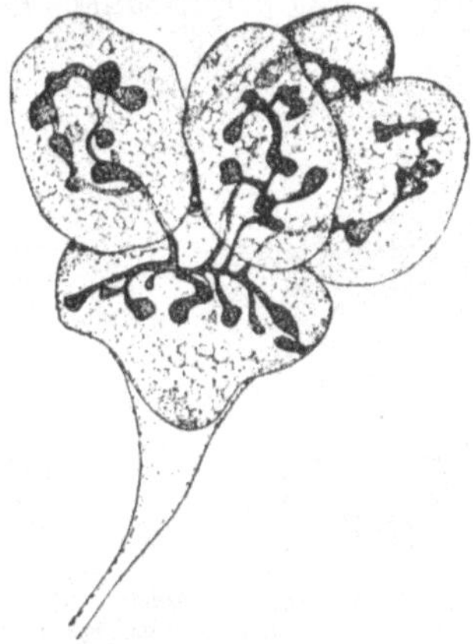

Abb. 9. *Ephelota Bütschliana*. (Suctor, Ciliata). Multiple Knospung des Makronukleus und der Zelle. Nach Calkins.

Die angeführten Beispiele ließen sich durch viele andere vermehren, denen immer gemeinsam wäre, daß das ganze Individuum der Fortpflanzung dient. In diesen einfachsten und zweifellos auch ursprünglichsten Fällen sind Zellteilung und Fortpflanzung identisch.

b) Differenzierung spezifischer Keimzellen.

Eine Fortpflanzung durch Zweiteilung des ganzen Individuums ist nur möglich, wenn alle Lebensfunktionen in einer Zelle vereinigt sind, d. h. bei vielen Protozoen. Bei den meisten Organismen aber, nämlich bei allen Vielzellern im weitesten

Sinne des Wortes, ist eine Differenzierung in verschiedenartige Zellen eingetreten: in Körperzellen — somatische Zellen —, die unter sich wieder Arbeitsteilung aufweisen können, aber nicht müssen (Nerven-, Muskelzellen usw.), und in Keimzellen. Das gilt auch für Arten, bei denen Agamogonie vorkommt. Von diesem Augenblick an dient ein Teil der Zellen, meist der größere, und ihre Teilungen nicht mehr der Fortpflanzung, sondern dem Aufbau und der Erhaltung des Individuums, während die Funktion der Fortpflanzung auf besondere Zellen und nur auf diese beschränkt wird. Vom Einfachen zum Komplizierten läßt sich auch hier eine lückenlose Reihe aufstellen.

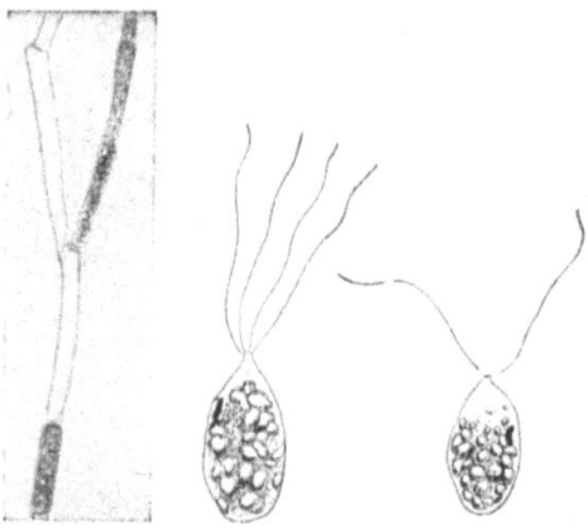

a b c

Abb. 10. *Cladophora Suhriana.* *a* Zweig eines Sporophyten mit 3 „Zoosporangien". Nur ein Sporangium, rechts von der Gabelung, enthält noch Zoosporen. Vergr. 54fach; *b* einzelne Zoospore. Vergr. ca. 530fach; *c* Einzelne Gamete. Vergr. 800fach. Nach dem Leben. Nach Föyn.

Den ersten Schritt zu einer Trennung in somatische und Keimzellen finden wir bei koloniebildenden Protozoen. Bei dem schon erwähnten Flagellaten *Eudorina elegans* sind alle 32 in einer Gallerthülle vereinigten Zellen gleichwertig (Abb. 6). Bei einer anderen Art der gleichen Gattung, *Eudorina californica*, dagegen sind bereits die 4 am vorderen Pole gelegenen Zellen von der Fortpflanzung ausgeschaltet. Das gleiche ist bei *Pleodorina* der Fall. Wesentlich ausgeprägter liegen die Verhältnisse bei *Volvox*. Die Kugel besteht aus sehr vielen kleinen, nicht mehr sich fortpflanzenden Zellen, am Hinterende dagegen liegen die Agameten (Abb. 7). Die Agamete teilt sich in vielen Teilungsschritten auf, ein kleiner Teil der so entstehenden Zellen wird wieder zu Agameten, besser gesagt, bleibt (zukünftige) Agamete, während der größere Teil zu den kleinen somatischen Zellen wird. Damit ist zugleich das Prinzip der Keimbahn geschildert, auf das bei der geschlechtlichen Fortpflanzung zurückzukommen ist: die Körperzellen entstehen aus den zukünftigen, präsumptiven Keimzellen, sie werden aus dem Keimmaterial ausgeschieden und nicht umgekehrt etwa die Keimzellen aus Körperzellen gebildet.

Die Entwicklung der jungen Kolonien findet in den geschilderten vier Fällen in der Mutterkolonie statt. Durch Zerfall der Gallerte werden die Tochterkolonien frei. Sofern die

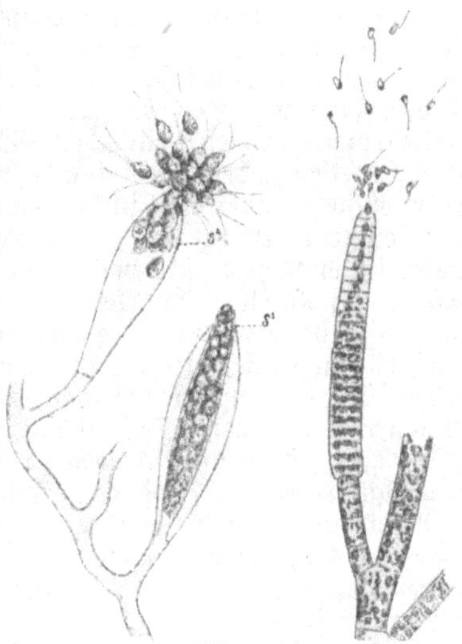

Abb. 11.

Abb. 11. Links: *Saprolegnia elliptica* (Pilz). s^2 Agametangium, zweigeißelige Agameten entlassend. s^1 jüngeres Agametangium, das ein älteres durchwachsen hat. Nach Klebs. Rechts: *Ectocarpus siliculosus* (Braunalge) Agametangium, zweigeißelige Agameten entlassend. Die Gametangien und Gameten sind ebenso gebaut. Nach Hartmann.

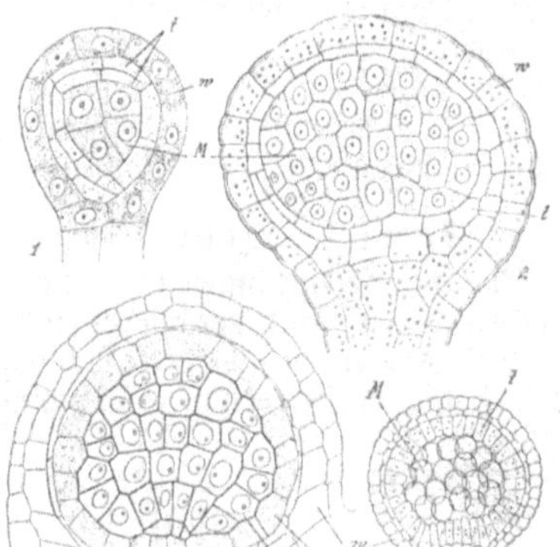

Abb. 12.

Abb. 12. Bau der Agametangien. 1 junges Sporangium von *Asplenium adianthum nigrum* (Farn) im Längsschnitt, 2 dasselbe von *Lycopodium clavatum* (Bärlapp), 3 Mikrosporangium von *Selaginella inaequalifolia* (heterosporer Farn, s. S. 91 u. Abb. 85), 4 Querschnitt durch einen jungen Pollensack von *Symphytum officinale* (Blütenpflanze). M = Sporenmutterzellen, 1 und 2 nach Sadebeck, 3 nach Sachs, 4 nach Goebel.

Mutterkolonie somatische Zellen besitzt (*Volvox*), gehen diese beim Ausschlüpfen der Tochterkolonie zugrunde. Wir erkennen hier zum ersten Male die Beziehungen, die zwischen Fortpflanzung und Tod bestehen.

Gemeinsam ist diesen einfachen Fällen noch etwas anderes. Die Keimzellen haben zwar eine bestimmte Lage im Mutterkörper, entstehen aber nicht in besonderen Organen. Diese Besonderheit tritt erst bei den eigentlichen Vielzellern auf, doch braucht sie auch hier nicht vorhanden zu sein. Die Grünalge *Cladophora* z. B. bildet ihre Agameten, viergeißelige Schwärmsporen, in nicht besonders ausgezeichneten Zellen aus (Abb. 10). Jede Zelle kann Agameten bilden, kann zum **Agametangium** werden. Erst in den fortgeschritteneren Fällen sind die Agametangien Zellen oder Zellverbände, die morphologisch von den übrigen Zellen unterschieden sind. So sind z. B. bei der Braunalge *Ectocarpus* und dem Pilz *Saprolegnia* (Abb. 11) die Agametangien nur an ihrer Form erkennbar, während in den ausgeprägten Fällen besondere Organe mit einfacheren Hüllbildungen oder schließlich komplizierteren Hüllen als Agametangien dienen, wie es bei den Moosen, Pteridophyten und Blütenpflanzen der Fall ist (Abb. 12).

Wie die angeführten Beispiele zeigen, ist die Agamogonie als Fortpflanzungsart sehr weit verbreitet. Sie kommt in der Tat bei allen Organismen außer den vielzelligen Tieren vor. Auch die Blütenpflanzen besitzen noch eine, wenn auch sehr rückgebildete agame Fortpflanzung (S. 92ff).

c) Spezielle Beschaffenheit der Keimzellen.

Die Agameten können beweglich oder unbeweglich sein und werden danach mit verschiedenen Fachausdrücken bezeichnet. Eine allgemein eingebürgerte Nomenklatur gibt es leider nicht, so daß die verschiedenen Synonyma hier angeführt werden sollen.

1. Mit Hilfe von Pseudopodien oder Geißeln bewegliche Agameten heißen **Zoosporen** oder **Planosporen**, der letzte ein besonders in der botanischen Literatur gebräuchlicher Begriff.

Durch Pseudopodien bewegliche Zoosporen werden von den Foraminiferen (Rhizopoden) gebildet (Abb. 9) S. 99).

Begeißelte Zoosporen kommen bei den verschiedensten Algen und noch bei Pilzen vor (Abb. 10, 11). Die Zahl der Geißeln wechselt je nach dem Organismus und beträgt 1—4, die Grünalge *Oedogonium* bildet vielgeißelige Zoosporen aus. Bei der Grünalge *Stigeoclonium* werden meist begeißelte Zoosporen, mitunter aber durch Pseudopodien bewegliche Zoosporen gebildet (die eigenartigerweise sogar fressen und verdauen können). Irgendein wesentlicher Unterschied zwischen den beiden Zoosporenarten besteht also nicht. — Sofern besondere Agametangien vorhanden sind, werden sie in diesen Fällen auch Zoosporangien oder Planosporangien genannt.

2. Sind die Agameten unbeweglich und einkernig, heißen sie Aplanosporen. So findet z. B. bei *Chlorogonium* (Abb. 3) die Fortpflanzung ohne Ausbildung von Geißeln in der Hülle der „Mutter" statt. Bei Chlorellen, die nicht im Wasser leben, sondern z. B. an Bäumen einen grünen Überzug bilden, werden ebenfalls 8—16 Aplanosporen gebildet. Sie liegen, gegen Austrocknung geschützt, in einer Schleimhülle. In der Algengattung *Ulothrix* können von derselben Art entweder Planosporen mit Geißeln oder Aplanosporen gebildet werden. Es bestehen also wiederum nahe Beziehungen zwischen der Ausbildung verschiedener Agameten.

Die Agametangien werden bei Ausbildung von Aplanosporen wohl auch als Aplanosporangien bezeichnet. Die unbeweglichen Agameten der Moose und Pteridophyten heißen allgemein Sporen, die Agametangien entsprechend Sporangien. Die Bezeichnung Sporen und Sporangien wird aber auch als übergeordneter Begriff in demselben Sinne wie Agameten und Agametangien gebraucht.

2. Vegetative Vermehrung.

Bei verschiedenen vielzelligen Tieren und Pflanzen kommt zwar auch ungeschlechtliche Vermehrung vor, im Gegensatz zur Agamogonie geht aber die Fortpflanzung nicht von einer Zelle, sondern von mehreren bis vielen Zellen aus, die — im einzelnen in verschiedenen Formen — von Anfang an zu einem mehrzelligen Verbande zusammengeschlossen sind und nach ihren

Eigenschaften nicht als ungeschlechtliche Keimzellen bezeichnet werden können. Es handelt sich vielmehr um undifferenzierte, z. T. wohl auch entdifferenzierte somatische Zellen, die noch teilungsfähig sind, um sog. meristematische Zellen. Im Gegensatz zur Agamogonie weist diese vegetative Vermehrung unter den verschiedenen Organismengruppen keine inneren Beziehungen auf; zweifellos handelt es sich um Vorgänge, die jeweils neu in der betreffenden Gruppe entstanden sind. Auch aus diesem Grunde ist eine Abtrennung von der Agamogonie erforderlich, die ja überall wesensgleich verläuft. Nur das Ergebnis ist in beiden Fällen das gleiche: Entstehung eines neuen Individuums auf ungeschlechtlichem Wege, die Vorgänge selbst haben aber nichts miteinander zu tun. Die folgenden Beispiele mögen das Gesagte belegen.

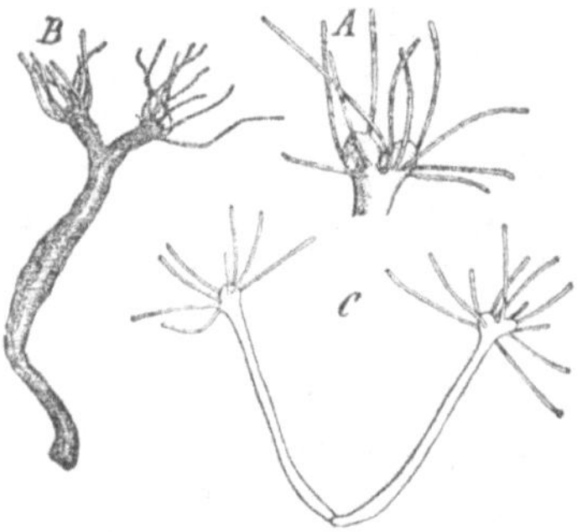

Abb. 13. Längsteilung von *Hydra viridis*. Nach Leiber.

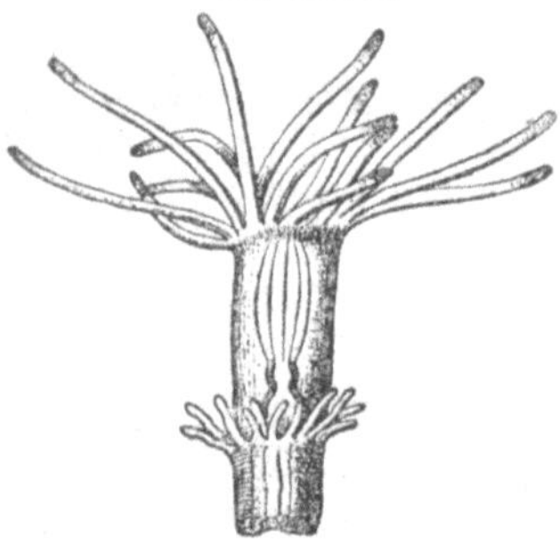

Abb. 14. *Gonactinia prolifera* (Coelenterat) in Querteilung. Nach M. Sars. $^7/_1$.

a) Tiere.

Eine Teilung liegt dann vor, wenn das Mutterindividuum in zwei oder mehr annähernd gleichgroße Teile sich aufteilt. Längsteilung kommt vor bei Spongien, Hydren (Abb. 13), Hydromedusen und Aktinien, Querteilung ebenfalls bei Aktinien (Abb. 14) und Turbellarien (Abb. 15).

Bei der **Knospung** bleibt das Muttertier als Individuum erhalten und der Sprößling entsteht nur aus einer begrenzten Stelle der „Mutter", der Knospungszone. Nicht immer ist jedoch zwischen Knospung und Teilung deutlich zu unterscheiden. Allbekannt sind für diesen Vorgang die Süßwasserpolypen (Abb. 16) und verschiedene Oligochäten (Würmer),

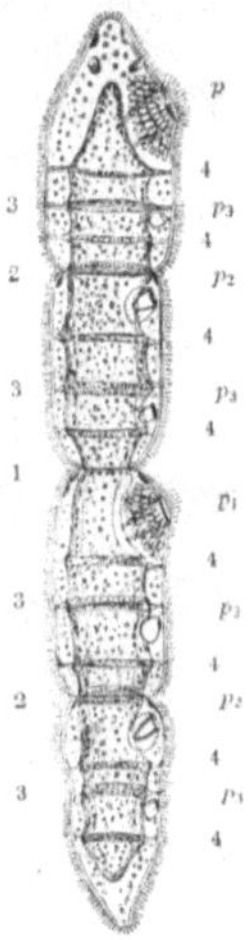

Abb. 15.

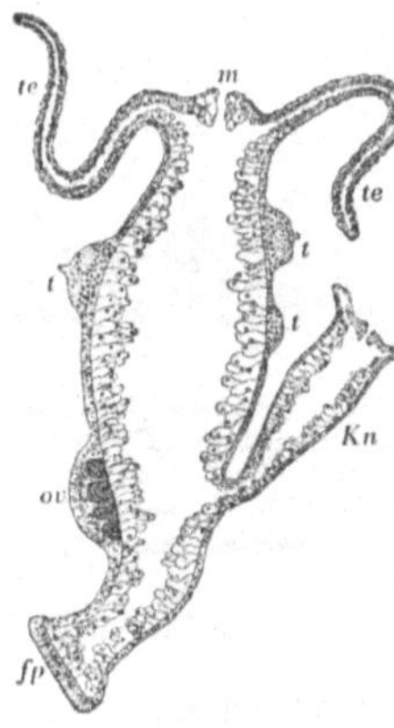

Abb. 16.

Abb. 17.

Abb. 15. Eine durch Teilung entstandene Kette von *Microstomum lineare*. Nach v. Graff. Etwa 8fach. 1, 2, 3, 4 die nacheinander aufgetretenen Teilungszonen, p_1, p_2, p_3 Pharynxanlagen, *p* Pharynx des Muttertieres.

Abb. 16. Längsschnitt einer zugleich in Knospung und geschlechtlicher Fortpflanzung befindlichen *Hydra* (Coelenterat). *fp* Fußplatte. *kn* Knospe, *m* Mundöffnung, *ov* Ovarium, *t* Hoden, *te* Tentakel. Aus Korschelt.

Abb. 17. *Aeolosoma hemprichi*. In Teilung begriffen. I älteste Knospe kurz vor Ablösung, II jüngere, III gerade angelegte Knospe. Nach Hämmerling.

z. B. *Aeolosoma* (Abb. 17), *Nais* und *Chaetogaster*. Auch bei Polychäten kommt Knospung vor. Bei den Hydren sind wahrscheinlich die interstitiellen Zellen überwiegend am Aufbau der Knospe beteiligt, bei *Aeolosoma* und anderen Oligochäten die Neoblasten, die mesodermaler Herkunft sind. Sie sind über den ganzen Körper verstreut und häufen sich in der Knospungszone

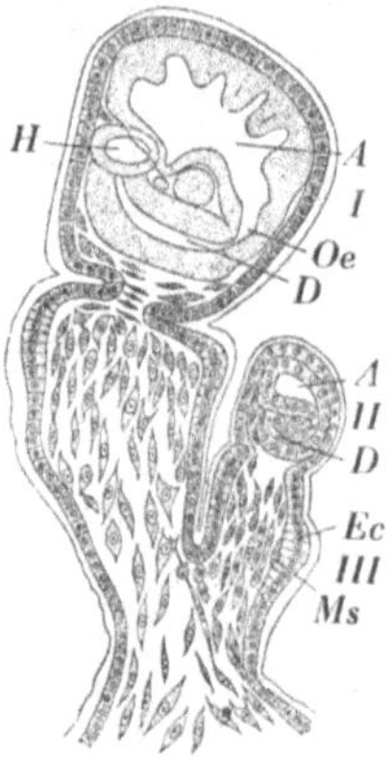

Abb. 18.

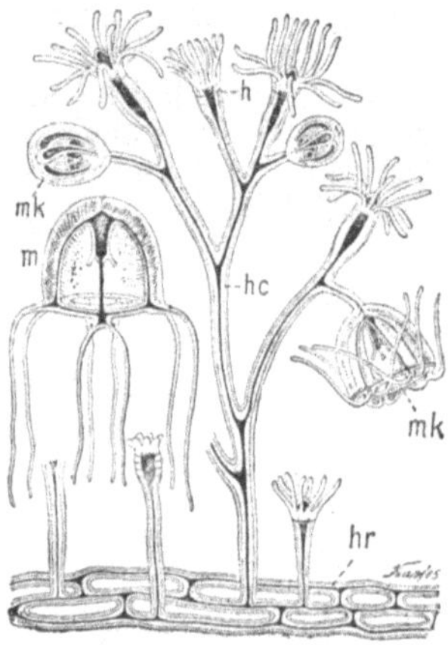

Abb. 19.

Abb. 18. *a* Das knospende Ende eines Stockes von *Pedicellina*. (Nach Seeliger kombiniert.) *III* erste Knospenanlage; *II* ältere Knospenanlage, bei welcher Atrium (*A*) und Darm (*D*) sich sondern; *I* weiter vorgeschrittenes Stadium. *Ec* Ektoderm, *Ms* Mesoderm, *A* Atrium, *D* Mitteldarm, *Oe* Ösophagus, *H* Enddarm.

Abb. 19. Hydroidenstöckchen (*Bougainvillea*). Stockbildung und Metagenesis. Von der Hydrorhiza (*hr*) ausgehend Hydranthen (*h*) und Hydrocaulus (*hc*), an diesem außer den Hydranthen (*h* = Polypen) Medusenknospen (*mk*), (*m*) eine junge freigewordene Meduse. Nach Allmann.

an. Ein Teil von ihnen wandert vor der Ablösung in das neue Individuum ein, um dort eine neue Knospungszone zu bilden. Daneben aber sind wahrscheinlich auch Epidermis- und Darmzellen am Aufbau des neuen Individuums beteiligt. Wieder auf andere Weise entstehen die Knospen der Entoprokten (z. B. *Pedicellina*, Abb. 18), an deren Ausbildung nur Ektoderm und Mesoderm beteiligt sind. Der Darm entsteht durch eine Einstülpung des Ektoderms der Knospe. Ähnlich liegen die Verhältnisse bei den Ektoprokten, den Bryozoen, die im übrigen systematisch nichts mit den Entoprokten zu tun haben.

Häufig bleiben die Knospen mit der Mutter längere Zeit oder dauernd in Verbindung. Durch Ausbildung immer neuer Knospen kann dann ein Tierstock entstehen. Abb. 19 zeigt einen einfachen Fall bei Hydropolypen. Durch vegetative Vermehrung entstehen hier nicht nur neue Polypen, sondern auch Medusen, worüber im Abschnitt Generationswechsel Näheres zu berichten sein wird. Neue Polypen können auch an wurzelähnlichen Ausläufern, den Stolonen, entstehen. Das gleiche kommt bei *Ascidien* (*Tunicaten*) vor (Abb. 20). Hier sind alle Keimblätter an der Knospenbildung beteiligt; ob z. T. eine atypische Verwendung vorliegt, ist noch nicht geklärt.

Die vegetative Vermehrung ± erwachsener Tiere zeigt deutliche Beziehungen zu der relativ einfachen Organisation der betreffenden Formen, auch haben diese ein hohes Regenerationsvermögen, was ein Ausdruck dafür ist, daß das Formbildungsvermögen mit der Embryonalentwicklung nicht abgeschlossen ist. Bei Hydren und Oligochäten sind auch die histologischen Beziehungen zwischen vegetativer Vermehrung und Regenerationsvorgängen sehr eng, wenn nicht identisch. Natürlich hat aber nicht jeder Organismus mit hoher Regenerationsfähigkeit auch die Fähigkeit zu ungeschlechtlicher Fortpflanzung.

Neben der vegetativen Vermehrung e r w a c h s e n e r Tiere gibt es auch noch bei einigen Tieren eine obligatorische vegetative Vermehrung während der Embryonalentwicklung, die P o l y e m b r y o n i e. Hierbei teilt sich ein Keim in mehrere Teile, aus deren jedem ein ganzes Individuum hervorgeht. Das ist der Fall bei parasitischen Schlupfwespen (z. B. *Polygnotus*, Abb. 21), deren Eier in Schmetterlinge abgelegt werden. Jeder Keim umgibt sich mit einem Amnion. In diesen treten die zunächst isolierten Zellen zu morulaähnlichen Haufen zusammen, die sich durch Teilung bzw. Zerfall vermehren. Bei den Gürteltieren,

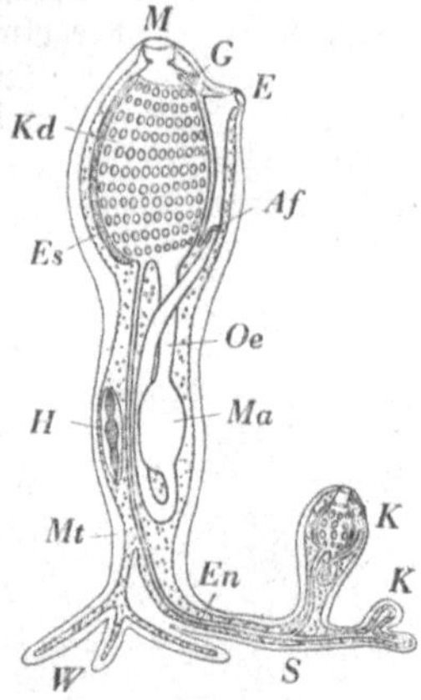

Abb. 20. *Clavellina*, aus der Larve hervorgegangenes Tier mit Stolo und Knospen (*K*). *Af* After, *E* Egestionsöffnung, *En* Entoderm, *Es* Endostyl, *G* Gehirn, *H* Herz, *Kd* Kiemendarm, *M* Mund, *Ma* Magen, *Mt* Mantel, *Oe* Ösophagus, *S* Stolo, *W* Wurzelausläufer. (Schema im Anschluß an Seeliger.)

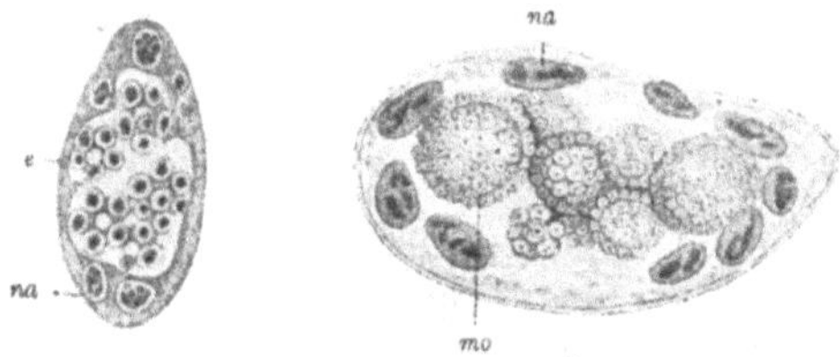

Abb. 21. Keime von *Polygnotus minutus* (Hymenoptere) im embryonalen Gewebe eines Schmetterlings. *a* Amnion (Hülle) mit Paranukleen (*na*), innerhalb der Keim mit embryonalen Kernen *e*, in vegetativer Teilung begriffen. *b* Die aus einem Ei entstandenen Keime im Morulastadium (*mo*), *na* Paranuclei des Amnion. Nach Marchal.

also Säugetieren, entstehen regelmäßig 4—8 Individuen aus einem sich entwickelnden Keim. Bei dem Regenwurm *Lumbricus trapezoides* entstehen regelmäßig aus einem Ei Zwillinge. Außerdem gibt es verschiedene Tiere, bei denen fakultativ, d. h. nicht als Regel, die Entstehung eineiiger Zwillinge möglich ist (die Entstehung von Zwillingen aus der Befruchtung zweier Eier hat natürlich nichts mit vegetativer Vermehrung zu tun). Sofern es sich

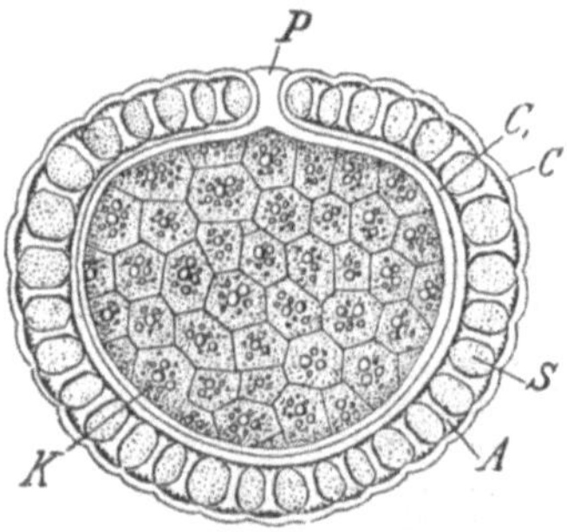

Abb. 22.

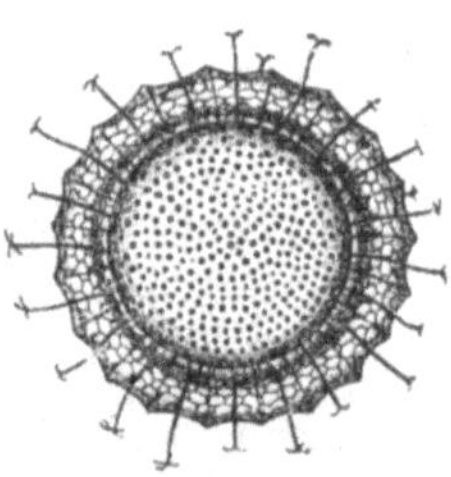

Abb. 23.

Abb. 22. Schnitt durch die Gemmula von *Ephydatia fluviatilis*. (Nach Wejdovsky.) *C* äußere, *C,* innere kuticulare Schicht, *K* Keimkörper, *P* Porus, *S* Schicht mit Kieselnadeln (Amphidisken *A*).

Abb. 23. Statoblast von *Cristatella mucedo*. (Nach Allman.) Etwa $^{30}/_{1}$.

bewahrheiten sollte, daß beim Menschen Erbfaktoren für die Zweiteilung eines Keimes verantwortlich sind, würden die betreffenden Individuen oder Keime sogar obligatorisch die Fähigkeit zu vegetativer Vermehrung besitzen.

Als dritte Abart ungeschlechtlicher Vermehrung von Tieren ist die Bildung vielzelliger Dauerzustände anzuführen. Die Süßwasserschwämme und einige Meeresschwämme, z. B. *Suberites*, bilden im Herbst Gemmulae aus (Abb. 22). Diese sind mit einer Schutzhülle umgeben, im Innern befindet sich ein Haufen undifferenzierter, mit Reservestoffen versehener Zellen, die Archäozyten, aus denen im Frühjahr ein Schwämmchen auskeimt. Bei den Bryozoen entstehen Statoblasten (Abb. 23), ebenfalls mit einer Schutzhülle umgeben, die ektodermale und mesodermale Zellen enthalten. Der Darm entsteht wie bei der Knospung vom Ektoderm aus (S. 24).

b) Pflanzen.

Bei den Pflanzen sind vegetative Vermehrungsvorgänge weit verbreitet, und zwar wiederum der verschiedensten Art. Viele Moose, z. B. *Marchantia*, entwickeln in besonderen Organen des Thallus (den Brutbechern), Brutkörper, aus denen vegetativ ein neues Individuum entsteht. Bei einer Reihe von Blütenpflanzen werden Brutknospen oder Brutzwiebeln gebildet, z. B. bei *Tolmiaea*, *Ranunculus bulbosus*, *Dentaria bulbifera* (Abb. 24). Hierher gehören auch die sich loslösenden Überwinterungsknospen, Hibernakeln, von Wasserpflanzen, z. B. von *Stratiotes* und *Hydrocharis*, mit deren Hilfe die kalte Jahreszeit überstanden wird. Der vegetativen Vermehrung dienen weiterhin die Zwiebeln und Knollen vieler Pflanzen (Tulpen, Kartoffeln) sowie ober- und unterirdische Ausläufer (Erdbeere, Maiglöckchen). Die Ausläufer tragen sich bewurzelnde Endknospen, die durch Absterben

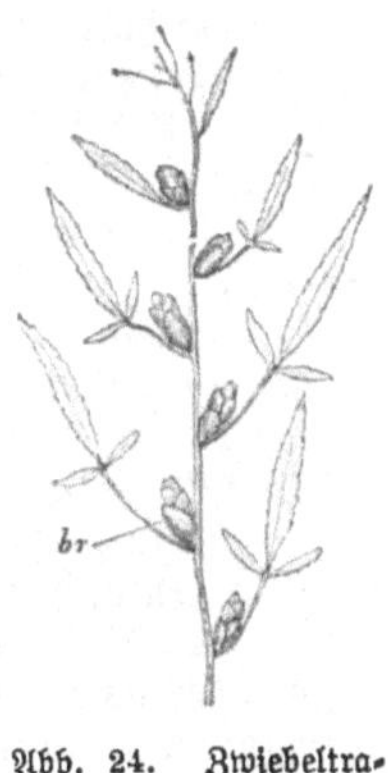

Abb. 24. Zwiebeltragende Zahnwurz (*Dentaria bulbifera*) mit Brutzwiebeln *br*. $^1/_3$ der nat. Gr. Nach Schenck.

der Ausläufer zu selbständigen Pflanzen werden. Bei ausdauernden rhizomhaltigen Pflanzen zerfällt das Rhizom oft mit der Zeit in einzelne abgetrennte Teile, wodurch auch ohne Ausbildung besonderer Fortpflanzungskörper eine vegetative Vermehrung eintritt. Ähnliche Verhältnisse liegen vor, wenn bei vielkernigen Meeresalgen der Thallus „spontan" oder unter äußeren Einwirkungen in mehrere Teile zerlegt wird, aus denen neue Algen auswachsen, wie es bei den siphonalen Grünalgen *Bryopsis*[1]) und *Caulerpa* vorkommt.

Die angeführten Beispiele zeigen, wie verschiedenartig die vegetative Vermehrung zustande kommen kann. Die verschiedenen Formen weisen weder untereinander noch zu der Agamogonie innere Beziehungen auf. Nicht immer aber ist der Gegensatz zur Agamogonie so deutlich. Bei der Apogamie von Farnen und Blütenpflanzen und der Adventivembryonie von Blütenpflanzen (s. S. 102) kann z. B. der vegetativ entstehende Embryo von einer Zelle seinen Ausgang nehmen. Doch sind solche Fälle offensichtlich weder so aufzufassen, daß sich aus vegetativer Vermehrung eine echte Agamogonie, noch gar umgekehrt aus agamer Fortpflanzung eine vegetative Vermehrung entwickelt hätte, sondern sie können so aufgefaßt werden, daß bei der vegetativen Vermehrung die Zahl der beteiligten somatischen Zellen bis auf eine heruntergedrückt werden kann. Auch hier gilt der Satz, daß die Grenzen fließend sind.

Es ist nun noch zu erörtern, ob die vegetative Vermehrung die einzige Fortpflanzungsart sein kann. Unter den Protozoen gibt es hier wohl keinen Fall dieser Art. Unter den Thallophyten ist die Grünalge *Pitophora* als positiver Fall anzuführen. Bei *Caulerpa* war lange Zeit der Zerfall des Thallus die einzige bekannte Fortpflanzungsart, doch ist in letzter Zeit geschlechtliche Fortpflanzung zum mindesten sehr wahrscheinlich gemacht worden. Unter den Moosen gibt es eine Anzahl Arten, die zwar Gameten ausbilden, aber entweder ist nur ein Geschlecht bekannt oder es herrscht Sterilität, so daß faktisch nur vegetative Vermehrung durch Brutkörper eintritt. Bei *Barbula papillosa* sind Sexualorgane überhaupt unbekannt. Ähnlich liegen die Verhältnisse bei einer Reihe von Blütenpflanzen. So ist bei

[1]) Hämmerling unveröffentlichte Beobachtungen.

Dentaria (Cardamine) bulbifera (Abb. 24) und bei dem Gras *Poa alpina f. vivipara* vegetative Vermehrung die Regel, der Kalmus *Acorus calamus* pflanzt sich in unserem Klima nur durch Ausläufer fort, während er in seiner südostasiatischen Heimat sich daneben auch geschlechtlich vermehrt. Bei diesen Formen werden Sexualorgane zwar gebildet, aber in der Regel tritt aus verschiedenen Gründen keine Befruchtung ein. Bei *Gagea fistulosa var. fragifera* können Blüten überhaupt gänzlich fehlen.

Unter den Tieren haben alle Arten mit vegetativen Vermehrungsvorgängen auch geschlechtliche Fortpflanzung, jedoch erfolgt sie bei einigen Arten nur selten. So sind z. B. die Würmer *Aeolosoma* und *Ctenodrilus* nur sehr selten mit Geschlechtsorganen angetroffen worden. Die angeführten Beispiele zeigen sowohl für pflanzliche wie tierische Organismen, daß bei Vorherrschen vegetativer Fortpflanzung die Fähigkeit zu geschlechtlicher Fortpflanzung weitgehend oder ganz verloren gegangen ist, daß also die vegetative Vermehrung keinesfalls die primäre Fortpflanzungsart sein kann.

D. Geschlechtliche Fortpflanzung oder Gamogonie.

1. Morphologische Beziehungen der Gameten- und Gonadenbildung zur Agamogonie.

Bei der geschlechtlichen Fortpflanzung oder Gamogonie geht die Fortpflanzung stets von einzelnen Zellen aus, niemals von Zellverbänden, sie ist also wie die Agamogonie zytogener Art. Der Unterschied gegen die Agamogonie ist vor allem physiologischer Art: während bei der agamen Vermehrung geschlechtlich undifferenzierte Keimzellen, Agameten, die Fortpflanzung übernehmen, werden bei der geschlechtlichen Fortpflanzung geschlechtlich differenzierte Keimzellen, die Gameten, gebildet. Zwei geschlechtsverschiedene Gameten vollziehen eine Befruchtung, indem eine männliche und eine weibliche Gamete sich zu einer Zelle, der Zygote, vereinigen. Dabei verschmelzen nicht nur die Plasmakörper, sondern vor allem auch die Kerne. Näheres über das Wesen der Befruchtung werden wir später erfahren, hier sollen eingangs die Beziehungen morphologischer Art zur Agamogonie erörtert werden, die abgesehen von den Metazoen sehr eng sein können.

Zunächst werden zur Gametenbildung alle diejenigen Vorgänge herangezogen, die wir schon von der Agametenbildung her kennen: es können ganze Individuen zu Gameten werden, oder sie teilen sich zu Gameten auf, oder es tritt schließlich eine Trennung zwischen somatischen und generativen Zellen ein. Dabei spielen einfache Zweiteilungen, Sukzedanteilungen und simultane Plasmateilungen eine Rolle. In dem am meisten fortgeschrittenen Falle entstehen die Gameten wieder in bestimmten lokalisierten Geschlechtsorganen, den Gametangien.

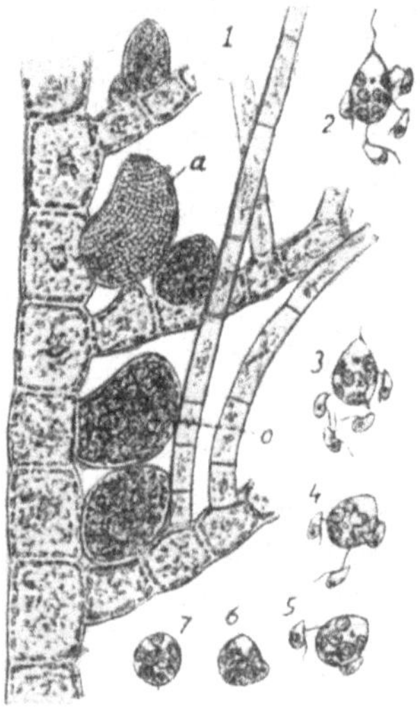

Abb. 25. *Giffordia secunda* (Braunalge). Zwittrige, stark anisogame Form. 1 Zweig mit Antheridien (*a*) und Oogonen (*o*), 2—7 Befruchtung; ein größerer ♀, von mehreren ♂ Gameten umschwärmt (2—3), von denen nur einer mit dem ♀ Gameten verschmilzt (4—7.) Nach Bornet und Sauvageau.

Im einfachsten und damit eindeutigsten Falle sind Agameten und Gameten morphologisch überhaupt nicht zu unterscheiden. So hängt es bei manchen Chlamydomonasarten und einigen verwandten Flagellaten nur von Außenbedingungen ab, ob morphologisch völlig gleiche Zellen befruchtungsfähige Gameten oder befruchtungsunfähige Agameten sind. Der Unterschied zwischen Agamete und Gamete ist in diesem Falle also nur physiologischer Art, übrigens hier wie in anderen Fällen auch der Unterschied zwischen männlicher und weiblicher Gamete. Selbst noch bei Braunalgen, z. B. *Ectocarpus siliculosus*, wo bereits lokalisierte Keimzellen gebildet werden, entstehen in morphologisch gleichen Gebilden, den plurilokulären Sporangien, (soweit bekannt), morphologisch gleiche Keimzellen, die entweder Agameten oder Gameten sein können (Abb. 11 S. 19). Die nahverwandte *Giffordia secunda* schließt sich hier an: in den männlichen Gametangien, den Antheridien, werden kleine Gameten, in den weiblichen Gametangien, den Oogonen, große Gameten gebildet (Abb. 25). Sehr gering ist der Unterschied zwischen den Gameten und Agameten von *Chlorogonium* (Abb. 3 S. 12). Wie oben geschildert, erfolgen Sukzedanteilungen innerhalb der Mutterhülle. Werden 4 oder 8 Zellen gebildet, so sind es Agameten, werden aber 16 Zellen gebildet, erfolgt also nur ein Teilungsschritt mehr, so sind Gameten entstanden. Es liegt morphologisch demnach nur ein Größenunterschied vor. Bei der Grünalge *Cladophora* ist die Entstehungsweise von Gameten und Agameten identisch: eine vielkernige Zelle teilt sich durch simultane Plasmateilungen in einzellige Gebilde auf; die Zoosporen (Agameten) entwickeln jedoch vier Geißeln, die Gameten nur zwei Geißeln (Abb. 10 S. 18). Bei manchen Foraminiferen (Rhizopoden) besitzen die Agameten Pseudopodien, die Gameten zwei Geißeln (Abb. 90, S. 99).

Auch da, wo die Gameten sowohl untereinander als von den Agameten morphologisch deutlich verschieden sind, ergeben sich doch enge Beziehungen morphologischer Art zur Agamogonie, und zwar sowohl im Hinblick auf die Form der Gameten wie die Entstehungsweise der Keimzellen. Nicht erst bei komplizierten, sondern schon bei den einfachsten Organismen, den Flagellaten, gibt es Arten, bei denen im weiblichen Geschlecht Eier gebildet werden, die groß, reservestoffreich und unbeweglich sind, während die männlichen Keimzellen sehr klein, plasmaarm und beweglich sind und als Spermien bezeichnet werden. Das ist z. B. bei *Chlorogonium oogamum* und *Volvox* der Fall (Abb. 45 und 46, S. 53, 54). Die Eier sind morphologisch im Grunde nichts anderes als besonders große Aplanosporen und die Spermien müssen mit begeißelten Zoosporen homologisiert werden. Vor allem aber entstehen Eier und Spermien aus denselben Zellen, aus denen bei agamer Fortpflanzung die Agameten (S. 16) hervorgehen. Ob aus derselben Urkeimzelle Agamete, Ei oder Spermium entsteht, hängt nur von den physiologischen Bedingungen ab, unter welche die Zelle gerät. — Die Braunalge *Dictyota dichotoma* entwickelt auf bestimmten Individuen entweder Antheridien, in denen Spermien entstehen, oder Oogone mit Eiern. Mit dieser

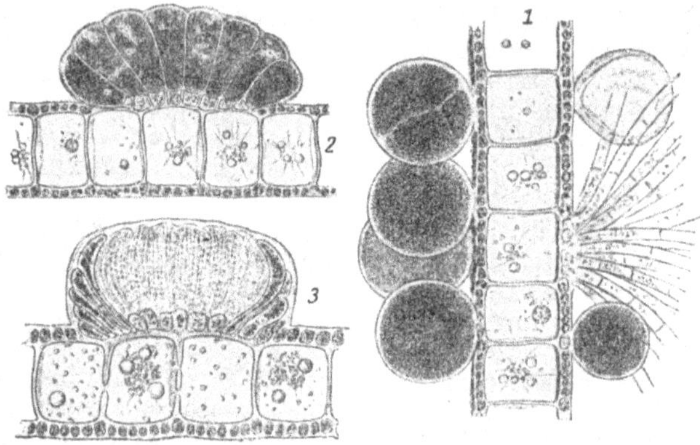

Abb. 26. *Dictyota dichotoma* (Braunalge). 1—3 Thallusquerschnitte, 1 mit asexuellen Sporangien, links oben bereits mit Tetrasporen (die vierte liegt hinten), rechts oben entleertes Sporangium, 2 mit weiblichem, 3 mit männlichem Gametangium. Nach Thuret.

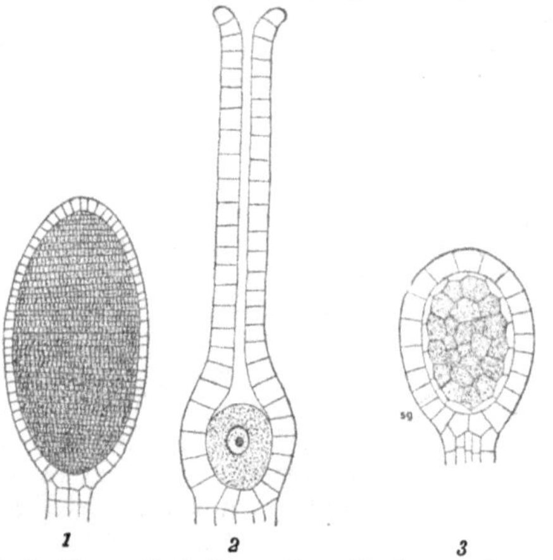

Abb. 27. 1 Antheridium mit steriler, zelliger Wandung und spermatogenem Gewebe; 2 Archegonium mit entsprechender Wandung und Eizelle. Beide von einem Lebermoos; 3 Schematisches Bild des Sporangiums einer Farnpflanze mit steriler zelliger Wandung und mit sporogenem Gewebe *sg*. Nach Fitting, aus Bonner Lehrbuch.

sich nur geschlechtlich fortpflanzenden Generation wechselt eine andere, sich nur agam fortpflanzende Generation ab, deren unbewegliche Agameten den Namen Tetrasporen tragen (Näheres s. Generationswechsel). Abb. 26 zeigt die Homologie von Tetrasporangien und Oogonen. Antheridien und Oogone sind, wie alle männlichen und weiblichen Geschlechtsorgane ebenfalls homologe Bildungen. Wir lernen damit zugleich einen einfachen Fall kennen, bei dem die (männlichen) Gametangien Hüllbildungen (aus Einzelzellen) tragen (s. Abb.).

Dieselben Beziehungen gelten auch noch für die Moose und Farnpflanzen (Abb. 27). In diesen Gruppen sind die Gametangien ebenso wie die Agametangien aus Gewebekörpern aufgebaut, nicht mehr aus Einzelzellen. Eigentliche Übergänge zu den Thallophyten fehlen jedoch, wie übrigens auch bei der Agametangienbildung. In den männlichen Gametangien, den Anth ridien, befindet sich bei Moosen und Farnpflanzen das spermatogene Gewebe, aus dem die begeißelten Spermien entstehen (Abb. 27, 1). Die weiblichen Gametangien heißen hier Archegonien (Abb. 27, 2). Ihr unteres Ende ist bauchig geschwollen und enthält das unbewegliche Ei. Das obere Ende ist in einen (verschieden langen) Hals ausgezogen, durch den das Spermium zum Ei gelangt. Antheridien und Archegonien sind homologe Bildungen, was schon daraus hervorgeht, daß Zwischenbildungen vorkommen, die zwischen Antheridien und Achegonien stehen. Beide sind außerdem mit den agametischen Srporangien homologisierbar (Abb. 27, 3). Bei den Blütenpflanzen liegen, wie später erkenntlich sein wird, im Prinzip die gleichen Verhältnisse vor.

Geschlechtliche und agame Fortpflanzung gehen in der Regel von physiologisch verschiedenen Keimzellen aus, die Gameten haben die Fähigkeit zur Befruchtung, den Agameten fehlt gerade diese Fähigkeit. Bei den engen in Vorstehendem geschilderten morphologischen Beziehungen erhebt sich die Frage, ob eine der beiden Fortpflanzungsarten vielleicht eher dagewesen sei und die andre sich aus ihr entwickelt habe. Wahr cheinlich ist aber die Frage falsch gestellt. Schon bei den Bakterien kommt, wie S. 10 geschildert, neb n agamer geschlechtliche Fortpflanzung vor. Auch unter eine Flagellaten gibt es einen interessanten

Fall. *Chlamydomonas eugametos* pflanzt sich entweder agam durch einfache Längsteilung fort oder geschlechtlich, indem zwei Zellen miteinander verschmelzen. Ob nun die eine oder andere Fortpflanzung stattfindet, hängt nur von Zufälligkeiten ab. Treffen zwei geschlechtsverschiedene Zellen aufeinander, so vollziehen sie eine Befruchtung, treffen sie nicht aufeinander, z. B. wegen zu weiter räumlicher Trennung, so vermehrt sich jede von ihnen agam. Jede Zelle ist also zugleich Gamete und Agamete. Daher liegt die Vermutung nahe, daß sowohl agame wie geschlechtliche Fortpflanzung zwei Grundeigenschaften lebendiger Wesen seien, wie etwa auch Assimilation und Wachstum. (s. hierzu auch S. 11.) — Bei *Chlamydomonas eugametos* sind beide Fortpflanzungsfähigkeiten in derselben Zelle vereinigt, während sie in der Regel so aufgeteilt sind, daß die eine Zellsorte immer nur die eine Fähigkeit hat, entweder ist sie Agamete oder sie ist Gamete. Schon bei *Ch. eugametos* findet man den ersten Schritt zu dieser Trennung; denn unter bestimmten Bedingungen vermehren sich die Zellen nur agam, auch wenn reichlich Gelegenheit zur Befruchtung gegeben ist. Wenn dagegen Gameten gebildet werden, d. h. kopulationsfähige Zellen vorhanden sind, so können sich diese jederzeit auch agam vermehren. Der nächste Schritt wäre dann der, daß den „Gameten" zunächst nur unter bestimmten Bedingungen die Fähigkeit zu agamer Fortpflanzung verloren ginge. Beispiele hierfür sind jedoch nicht bekannt. —

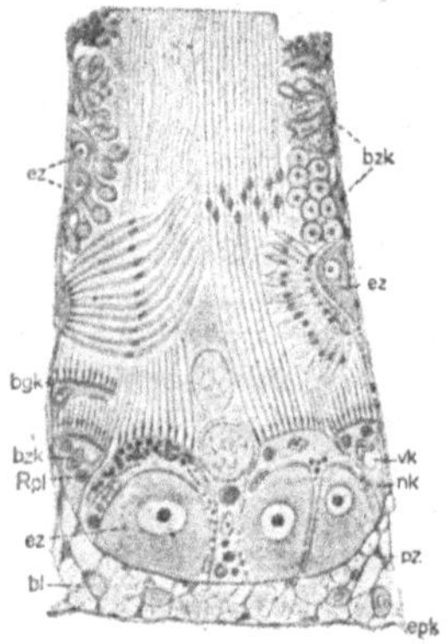

Abb. 28. Azinus der Zwitterdrüse von *Planorbis planorbis*, Schnecke. *bgk* Bindegewebszellkern. *bl* Blasenzelle. *bzk* Basalzellkern. *epk* Epithelzellkern. *ez* Oozyten verschiedener Stadien. *Rpl* Kinoplasmakugeln. *nk* Nährzellen. *pz* Pigmentzellen. *vk* Vakuole. Die fädigen Gebilde = Spermabildungsstadien. (Nach Merton).

Kehren wir zu den Tatsachen zurück, so sind noch die Verhältnisse bei den vielzelligen Tieren, den Metazoen, zu besprechen. Eine agame und geschlechtliche Fortpflanzung kommt hier nur bei den Mesozoen vor, wobei eine Homologisierung wieder möglich ist, alle eigentlichen Metazoen dagegen vermehren sich *nur* geschlechtlich (oder vegetativ). Die Geschlechtsorgane (*Keimdrüsen*, *Gonaden*) sind nicht mit denen pflanzlicher Organismen oder der Protozoen homologisierbar. Die männlichen Gametangien heißen *Hoden* (*Testes*), die weiblichen *Eierstöcke* (*Ovarien*). In den Hoden werden Spermien (= Spermatozoen), in den Ovarien Eier produziert. Meist sind

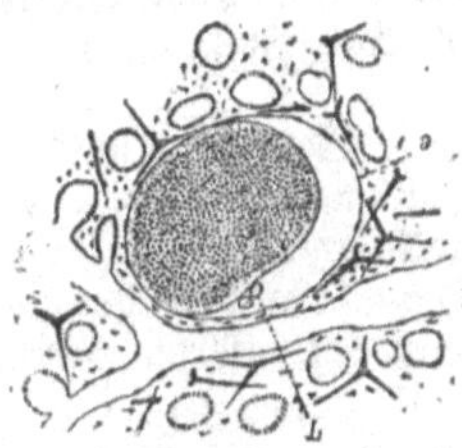

Abb. 29.

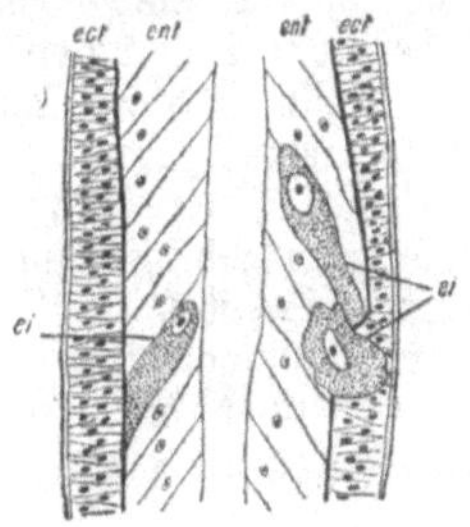

Abb. 30.

Abb. 29. Reife Eizelle des Schwammes *Plakina triloba* mit umgebendem Gewebe. *r* Richtungskörper. Nach Korschelt-Heider.

Abb. 30. Längsschnitt durch einen Zweig eines Hydroidpolypen (*Eudendrium racemosum*) mit wandernden Oozyten (*ei*) im Ektoderm (*ect*) und im Entoderm (*ent*); eine Oozyte (rechts unten) beim Durchbrechen der Stützlamelle. Nach A. Weismann.

die Geschlechtsorgane auf verschiedene Individuen verteilt (Getrenntgeschlechtlichkeit oder Heterözie), mitunter enthält aber dasselbe Individuum sowohl Hoden wie Ovarien (Gemischtgeschlechtlichkeit, Zwittertum oder Synözie). Im Hinblick auf diese Arten der Geschlechtsverteilung liegen prinzipiell die gleichen Verhältnisse vor wie bei den bisher besprochenen Organismen. Dagegen besitzen die Schnecken eine besondere Art der Synözie, nämlich Keimdrüsen, die sowohl Spermien wie Eier produzieren: *Zwitterdrüsen* oder *Ovariotestes* Abb. 28). Zwitterbildungen dieser Art kommen bei Pflanzen und Protozoen nicht als normale Einrichtungen vor, sondern nur als Ausnahmen, z. B. die erwähnten Zwischenstufen zwischen Antheridien und Archegonien bei Moosen. Auch bei getrenntgeschlechtlichen Metazoen können gelegentlich in Ovarien Spermien und in Hoden Eier entstehen. Bei den Samenpflanzen kommen zwar oft Blüten mit männlichen und weiblichen Organen vor, die Zwitterblüten genannt werden, aber die Organe sind doch voneinander getrennt und die Verhältnisse nicht mit einer tierischen Zwitterdrüse vergleichbar. Die Zwitterdrüsen zeigen nebenbei, daß Hoden und Ovarien homologe Bildungen sind, was auch daraus hervorgeht, daß mitunter dasselbe Geschlechtsorgan erst als Hoden, dann als Ovar funktionieren kann, z. B. bei dem Polychäten *Ophryotrocha* und gewissen Froschrassen. Beim Wechsel kann es sich eine Zeitlang wie eine Zwitterdrüse verhalten.

Im einfachsten Fall werden bei Metazoen noch keine Gametangien gebildet, sondern die Keimzellen liegen einzeln im Körper. So ist es bei Mesozoen und Schwämmen (Abb. 29). Diese Entstehungsweise erinnert an die Verhältnisse bei *Volvox*. Zwischen solcher diffusen und streng lokalisierter Keimzellbildung stellen die Hydrozoen einen Übergang dar, indem die Keimzellen zwar an verschiedenen Stellen entstehen, aber nur an bestimmten Stellen reifen, wobei sie aktiv zu der „Reifungsstätte" hinwandern (Abb. 30). Die lokalisierten Gonaden sind in den einzelnen Klassen recht verschiedenartig gebaut, so daß hier einige Beispiele genügen müssen. Bei einigen Anneliden (Würmern) haben wir noch einen relativ einfachen Fall nichtgeschlossener Gonaden, indem die reifen Keimzellen in die Leibeshöhle fallen (Abb. 31). Sonst sind die Keimdrüsen geschlossen und besitzen meist besondere Ausführungsgänge (Abb. 32, 33).

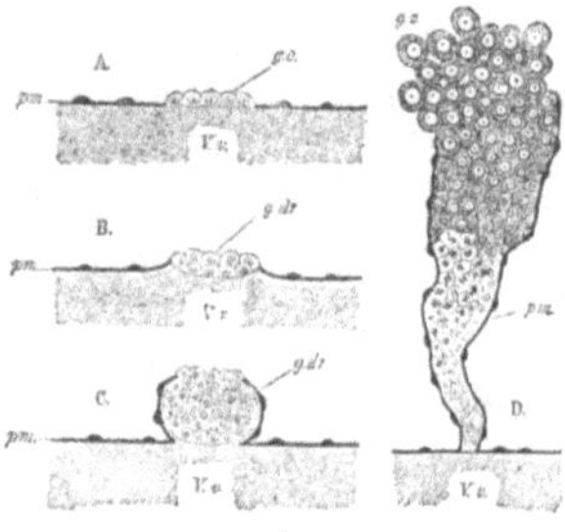

Abb. 31. Entwicklung des Eierstocks eines Ringelwurms (*Amphitrite rubra*). *A—C* Keimepithel (*ge*) und Geschlechtsdrüse (*gdr*) als Wucherung des Peritonealepithels (*pm*). *D* Ovarium mit sich loslösenden Oozyten (*gz*), *Vv* = Bauchgefäß. Nach E. Meyer.

Keimbahn. Die Gamogonie der Metazoen ist nach den angeführten Beispielen ebenfalls zytogener Art. Wenn man aber Fälle, wie in Abb. 31 wiedergegeben, vor sich hat, so macht es den Eindruck, als ob die Gonaden und damit die Keimzellen aus somatischen Zellen entstehen. Das wäre ein prinzipieller Gegensatz zu dem bei *Volvox* so deutlichen Prinzip der Keimbahn (S. 18). Wir sahen dort, daß nicht die Keimzellen von somatischen Zellen abgeschieden werden, sondern umgekehrt das somatische Zellmaterial von dem Keimzellmaterial abgetrennt wird. Die nähere Untersuchung hat gezeigt, daß auch bei den Metazoen oft genau die gleichen Verhältnisse vorliegen. In

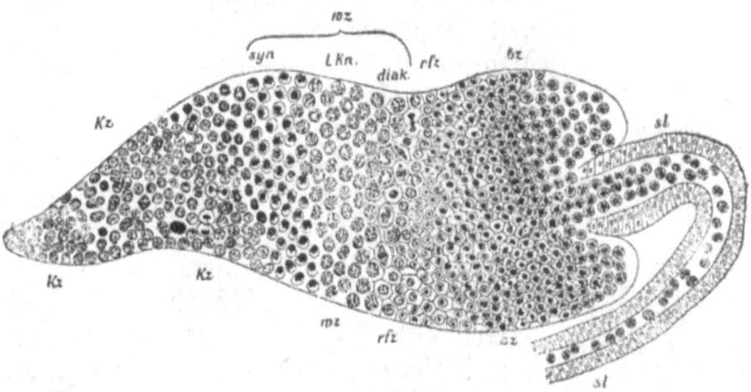

Abb. 32. Hoden von *Heterocope saliens* (Copepode). Längsschnitt. *kz* Keim-(Spermiogonien)zone. *wz* Wachstumszone (*syn* synaptische Ballung. *l.kn* Pachytänstadien) *rfz* Reifungszone, *bz* Bildungs(Spermiohistogenese)zone. *sl* Samenleiter mit reifen Spermien. Nach Haecker.

einer Reihe von Fällen ist die Keimbahn äußerlich markiert, wobei freilich die Marken sehr verschiedener Art sind.

Bei der Kladozere *Polyphemus*, einem Krebs, wird eine Nährzelle (s. u.) in das befruchtete Ei aufgenommen (Abb. 34). Sie gerät bei der Furchung stets in eine sich sehr verzögert teilende Zelle, die sich zum Schluß unter Verteilung des Keimbahnkörpers in die beiden Urkeimzellen aufteilt. Ähnlich liegen die Dinge bei dem Pfeilwurm *Sagitta*. Bei dem Copepoden *Cyclops* (wieder einem Krebs) entstehen von der ersten Teilung ab an dem einen Spindelpol plasmatische Körnchen, Ektosomen, die zwischen zwei Teilungen verschwinden, aber bei der nächsten Teilung in derselben Zelle wieder erscheinen

(Abb. 35). Wieder tritt Verzögerung der Teilung dieser Zelle ein, so daß erst im 64- oder 128 Zellenstadium zwei Urkeimzellen vorhanden sind, die beide die Ektosomen erhalten. Primär verantwortlich für die Bestimmung zu zukünftigen Keimzellen dürfte nicht die Zuteilung des Keimbahnkörpers oder der Ektosomen sein, sondern eine spezifische plasmatische Qualität des betreffenden Eibezirkes. So wurde bei *Cyclops* in diesem ein besonders hoher Ribonukleinsäureumsatz nachgewiesen[1]). Bei verschiedenen Insekten, wie z. B. bei der Mücke *Miastor* ist die Plasmaverschiedenheit auch äußerlich erkennbar, da hier diejenigen Zellen zu Keimzellen werden, welche ein mit dunklen Körnchen erfülltes Plasma erhalten. Außerdem ist bei *Miastor* die Keimbahnbestimmung noch mit einem merkwürdigen Vorgang verknüpft, indem im Laufe der Teilungen in den zukünftigen somatischen Zellen ein Teil der Chromosomen nicht in die Zellkerne einbezogen wird (Elimination), während die Urkeimzellen die ganze Chromosomensubstanz erhalten und auch weiterhin behalten. Bei dem Pferdespulwurm *Ascaris megalocephala* erleiden die zukünftigen somatischen Zellen Diminution (Ausstoßung von Chromosomenteilen, Abb. 36). Plasmatische Unterschiede sind äußerlich nicht erkennbar, konnten jedoch experimentell nachgewiesen werden. Neuerdings wurde auch bei diesem klassischen Objekt ein höherer Nukleinsäurebetrag in der Keimbahn nachgewiesen[2]).

1) Stich, Roux' Arch. Entw. mech. im Druck.
2) Pasteels, 1948, Experientia **4** u. Arch. de Biologie **59**, 405—446.

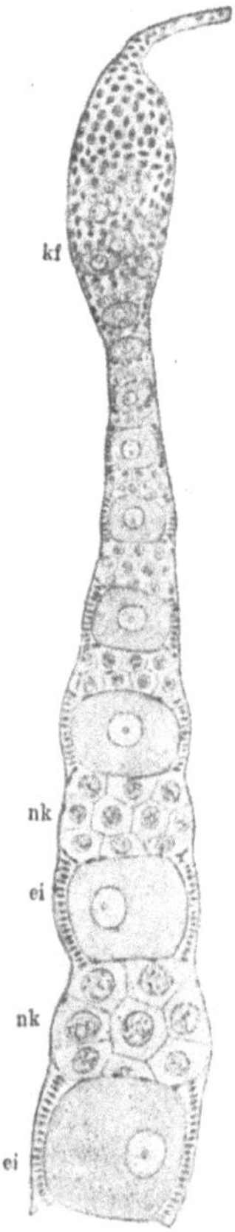

Abb. 33. Eiröhre eines Käfers. Schematisiert. *kf* „Keimfach" (Oogonien und Oozyten der ersten Wachstumsperiode). *nk* Nährzellenkammer, *ei* Oozyte (umgeben von Follikelzellen). Nach Korschelt-Heider.

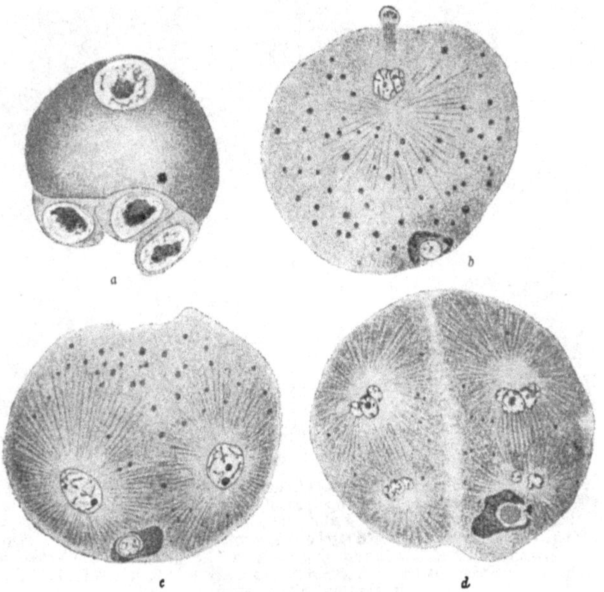

Abb. 34. Keimbahnbestimmung bei *Polyphemus* (Krebs). *a* Junge Oozyte mit 3 Nährzellen, *b* Ei nach der Reifeteilung, unten Keimbahnkörper = aufgenommene Nährzelle, *c* der Keimbahnkörper kommt bei der ersten Furchungsteilung in eine Tochterzelle, *d* Zweizellstadium kurz vor der zweiten Furchungsteilung. Keimbahnkörper am Pol nach der Kernteilung. Nach Kühn.

Die Keimbahn ist nicht immer äußerlich sichtbar markiert, jedoch ist auch dann eine Keimbahn anzunehmen. Das ist bei Fröschen experimentell erwiesen. Diese haben keine markierte Keimbahn, aber durch genaue Verfolgung der Entwicklung läßt sich der zukünftige Gonadenbezirk schon im befruchteten Ei feststellen. Wenn dieser durch Bestrahlung mit ultraviolettem Licht abgetötet wird, so können gonadenlose Frösche entstehen. Ein Ersatz durch somatische Zellen tritt also nicht ein.

Trotz dieser so klaren Fälle von Keimbahnen ist aber die Möglichkeit nicht ausgeschlossen, daß unter besonderen

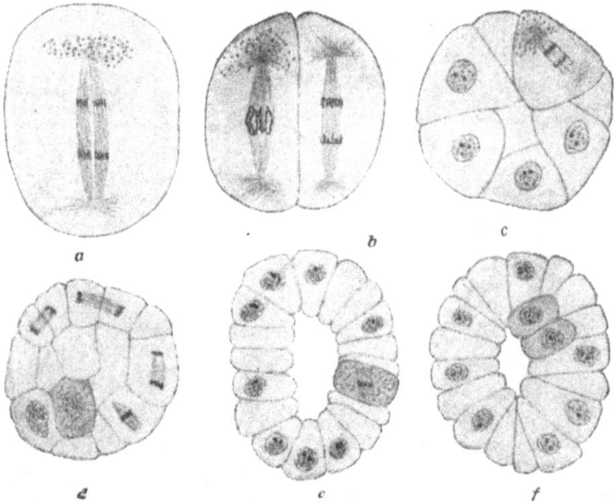

Abb. 35. Furchung und Keimbahnbestimmung bei *Cyclops fuscus* (Krebs). *a* Ektosomen an einem Pol der 1. Furchungsspindel, *b* desgl. bei der 2. Furchungsteilung, die Zelle mit Ektosomen in der Teilung etwas zurück, *c* desgl. Ende des 5. Teilungsschrittes, *d* erste Urgeschlechtszelle, Ektosomen in der Zelle verteilt, Beginn des 6. Teilungsschrittes (Übergang vom 32- zum 64-Zellstadium), *e, f* Teilung der primären Urgeschlechtszelle in 2 (Schluß des 7. Furchungsschrittes, 127 Zellen u. 1 Urgeschlechtszelle). Nach Amma.

Abb. 36. Schema der Furchung von *Ascaris megalocephala* (Nematode) zur Demonstration der Keimbahn, schwarz = Zellen ohne Diminution, *UG* = Urgeschlechtszelle. 4 Punkte = Diminution; die diminuierten Zellen teilen sich mit verminderter Chromatinsubstanz weiter und werden zu Somazellen. Nach Boveri.

Umständen doch außerhalb der Keimbahn liegende somatische Zellen früher oder später zu Keimzellen werden können. Vor allem haben nicht etwa alle Organismen eine festgelegte Keimbahn. Zu diesen gehören neben Hydroiden sicher eine Anzahl, vielleicht alle Blütenpflanzen. Aus Zellen eines Begoniablattes kann unter geeigneten Bedingungen eine ganze Pflanze mit Blüten auswachsen. Dann werden natürlich somatische Zellen zu Keimzellen, die nicht von Anfang an für diese Aufgabe vorgesehen waren. Auch bei Metazoen mit Wechsel zwischen vegetativer und geschlechtlicher Fortpflanzung ist diese Möglichkeit gegeben. Wenn aber in solchen Fällen keine feste Keimbahn vorhanden ist, so besagt das nur, daß physiologisch in den betreffenden Somazellen die Fähigkeit, zu einer Keimzelle zu werden, noch nicht unterdrückt worden ist. Auch bei niederen Pflanzen, etwa den Algen, dürfte die Trennung zwischen Keimbahn und Soma noch nicht streng durchgeführt sein, und zwar sowohl bei Gameten- wie Agametenbildung.

2. Gametenbildung und Befruchtung.

a) Reduktion.

Die geschlechtliche Fortpflanzung als solche ist beendet, wenn zwei geschlechtsverschiedene Keimzellen verschmolzen sind, d. h. wenn eine Befruchtung erfolgt ist. Es folgt aber auf jede Befruchtung nach der Verschmelzung der beiden Kerne der Keimzellen (s. u.) noch eine Verminderung der Chromosomenzahl auf die Hälfte, und zwar durch die Reduktions- oder Reifeteilungen, auch meiotische Teilungen genannt. Die Chromosomenreduktion gehört also zum Wesen einer normalen Befruchtung. Sie kann zu sehr verschiedener Zeit nach der Befruchtung erfolgen, entweder unmittelbar nach der Gametenverschmelzung (zygotische Reduktion) oder erst unmittelbar vor der Bildung neuer Gameten (gametische Reduktion) oder auf Zwischenstadien (intermediäre Reduktion). Die Reduktionsvorgänge sind von größter Bedeutung für die Beurteilung des Vererbungsgeschehens geworden, sie sind daher zytologisch eingehend erforscht worden. Auf die Einzelvorgänge kann hier nicht eingegangen werden, sondern wir müssen uns mit einer schematischen Schilderung des Prinzipes begnügen, das, wie betont sei, für alle Organismen, die niedersten wie die höchsten, gilt (Abb. 37).

Jede Gamete bringt in die Zygote einen Satz von n Chromosomen ein, den haploiden Chromosomensatz, die Zygote enthält also 2n Chromosomen, den diploiden Satz. Jedes Chromosom ist somit im diploiden Kernzustande, der Diplophase, in doppelter Ausfertigung vorhanden, was oft an

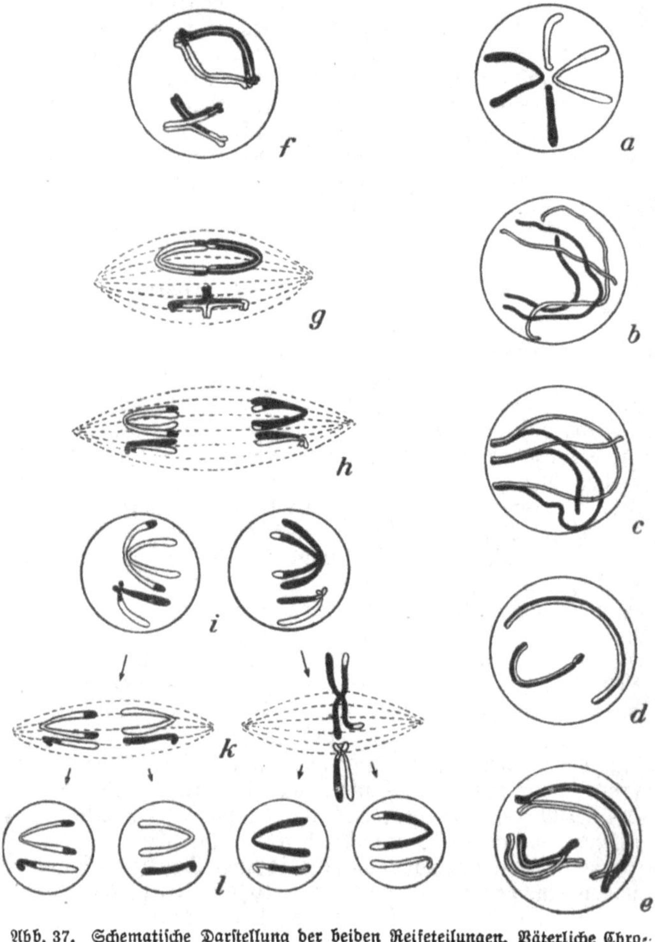

Abb. 37. Schematische Darstellung der beiden Reifeteilungen. Väterliche Chromosomen weiß, mütterliche schwarz gezeichnet. Erklärung im Text. Original Bauer.

charakteristischen Größen- und Strukturunterschieden der Chromosomen deutlich erkennbar ist. Die Chromosomenzahl ist innerhalb jeder Art konstant (wenigstens bei dem Keimzellmaterial, nicht aber bei allen somatischen Zellen, s. S. 110). n kann von ein- bis zu dreistelligen Zahlen gehen.

Bei der gewöhnlichen mitotischen Teilung wird bekanntlich jedes Chromosom der Länge nach gespalten (in zwei Chromatiden) und die Spalthälften werden durch den Spindelmechanismus auf die beiden Tochterkerne verteilt, so daß jede Zelle den der Zahl und Zusammensetzung nach gleichen Chromosomensatz erhält. Anders bei den meiotischen oder Reduktionsteilungen. In den vorbereitenden Vorgängen zu diesen Teilungen paaren sich je ein väterliches und mütterliches, homologes Chromosom der Länge nach, ein Vorgang, der natürlich nur in der Diplophase mit doppelter Ausfertigung möglich ist (b-d). Solch ein Paar besitzt also auch einen Spalt, aber es ist kein Teilungsspalt, sondern der Reduktionsspalt. Dieser Spalt wird aber in den beiden Reduktions- oder Reifeteilungen (es erfolgen immer zwei Teilungen) so behandelt, „als ob" er ein echter Teilungsspalt wäre, d. h. es werden ganze Chromosomen voneinander getrennt, wodurch die Chromosomenzahl auf die Hälfte herabgesetzt wird, und zwar so, daß jede Zelle einen vollständigen haploiden Satz erhält. Zwei Reifeteilungen können aber natürlich nur erfolgen, wenn außer dem Reduktionsspalt noch ein anderer Spalt angelegt wird. Dieser ist ein echter Teilungsspalt. Noch vor der ersten Reifeteilung wird in jedem Paarling eines Paares ein echter Längsspalt angelegt, so daß jeder Paarling aus zwei Chromatiden besteht und das ganze Paar vier Chromatiden aufweist; es wird Tetrade genannt (e, f). In den beiden aufeinanderfolgenden Teilungen werden nun die 4 Teile eines Paares voneinander getrennt und auf verschiedene Kerne verteilt. Findet die Verteilung längs des Reduktionsspaltes statt, ist der betreffende Teilungsschritt reduktionell, findet sie längs des Teilungsspaltes statt, ist er „äquationell". In welchem Teilungsschritt reduktionelle oder äquationelle Teilung erfolgt, ist meist verschieden, sowohl für die verschiedenen Paare als auch für dasselbe Paar, das teils im ersten, teils im zweiten Teilungsschritt reduktionell geteilt werden kann (g-i).

Diese recht einfachen Vorgänge werden etwas kompliziert durch einen Vorgang, der in Abb. 37 ebenfalls wiedergegeben ist. Dieser ist nicht direkt sichtbar, sondern nur aus Vererbungsversuchen und cytologischen Beobachtungen zu erschließen. Zugrunde gelegt ist ein Organismus mit haploid zwei Chromosomen, einem lang- und einem kurzschenkligen Chromosom. In der Diplophase ist jedes also in doppelter Ausfertigung vorhanden, zur Verdeutlichung sind im Schema die väterlichen Chromosomen weiß, die mütterlichen schwarz gezeichnet (a). Nach der Paarung und Bildung des Längsspaltes scheint nun als regelmäßiger Vorgang einer normalen Meiose ein Stückaustausch zwischen den homologen Chromosomen stattzufinden, und zwar pro Paar wenigstens an einer Stelle. Dabei brechen zwei Chromatiden entzwei; sie verkleben zwar wieder, aber nicht mit den richtigen Enden, sondern so, daß an die Bruchstelle der mütterlichen Chromatide das abgebrochene Stück der väterlichen Chromatide angeklebt wird und umgekehrt (e, f). Die beiden anderen Chromatiden bleiben jeweils ohne Austausch. Für das lange Paar ist in unserm Schema doppelter, für das kurze Paar einfacher Austausch angenommen. Auf diesem Austausch beruht es, daß für jedes Paar sowohl die erste wie die zweite Reifeteilung teils reduktionell, teils äquationell verläuft. Reduktionell ist in unserem Schema die Teilung, wenn von einem Paar Teile gleicher Farbe in die Tochterzellen gelangen, äquationell, wenn Teile verschiedener Farbe in sie gelangen. Für das lange Paar ist im Schema die erste Teilung vorwiegend, aber nicht ganz reduktionell, für das kurze vorwiegend äquationell (g—i). In der zweiten Teilung ist es dementsprechend umgekehrt (k—l). Zum Schluß (l) liegen die vier nunmehr haploiden Gonen vor.

Dem Schema ist, wie besonders betont sei, nur eine Möglichkeit zugrunde gelegt. In anderen Keimzellen desselben Individuums wird der Austausch an anderen Chromosomenstellen stattfinden, wodurch sich schon eine Verschiebung im Hinblick auf Reduktion und Äquation ergibt. Außerdem können sich die beiden Paare in den beiden Reifeteilungen genau umgekehrt oder auch beide gleichsinnig verhalten. Die früher so viel erörterte Frage, ob für zwei homologe Chromosomen die Reduktion regelmäßig beim ersten oder zweiten Teilungsschritt erfolge, ist als überholt zu betrachten. —

Die Lebensperiode, in der die Zellen eines Organismus den haploiden Satz führen, heißt *Haplophase*. Durch eine Befruchtung wird der diploide Satz, die *Diplophase*, wieder hergestellt, bis eine neue Reduktion erfolgt usf.

b) Protozoen und Thallophyten.

Bei Spirochäten und Blaualgen sind Befruchtungsvorgänge bisher unbekannt (siehe jedoch S. 10). In allen anderen Klassen des Organismenreiches kommt dagegen Gamogonie vor, wenn auch nicht bei allen Vertretern der betreffenden Klasse. Meist liegt in solchen Fällen guter Grund zur Annahme vor, daß die Geschlechtlichkeit rückgebildet ist. Die Befruchtungsvorgänge sind im einzelnen außerordentlich mannigfaltig, wir wollen uns wie immer bemühen, das gleiche Gesetz in der Mannigfaltigkeit zu erkennen.

Die geschlechtliche Fortpflanzung von Bakteriophagen und Bakterien ist noch nicht durch direkte Beobachtung, sondern nur durch Vererbungsversuche erschlossen worden (Austausch von Genen).

Hologamie. Es verschmelzen die ganzen Individuen miteinander, die als Gameten funktionieren. Sie sind äußerlich zunächst in nichts von agamen Individuen zu unterscheiden. Auch die beiden miteinander *kopulierenden* Gameten brauchen sich morphologisch nicht zu unterscheiden (*Isogamie*), sind aber nachweislich physiologisch verschieden. So ist es z. B. bei den meisten Chlamydomonaden (Abb. 38). Mangels äußerer Unterschiede kann man hier im allgemeinen nicht sagen, welcher Gamet der männliche und welcher der weibliche sei. In solchen Fällen wird die eine Gametensorte willkürlich als + Gameten, die andere als — Gameten bezeichnet. Innerhalb jeder Klasse kopulieren die Gameten nicht (da sie ja vom gleichen Geschlecht sind), sondern es kopulieren nur + und — Gameten miteinander.

Die beiden Klassen können in solchen Fällen nur durch ihre Kopulationsfähigkeit unterschieden werden. Auf mehreren

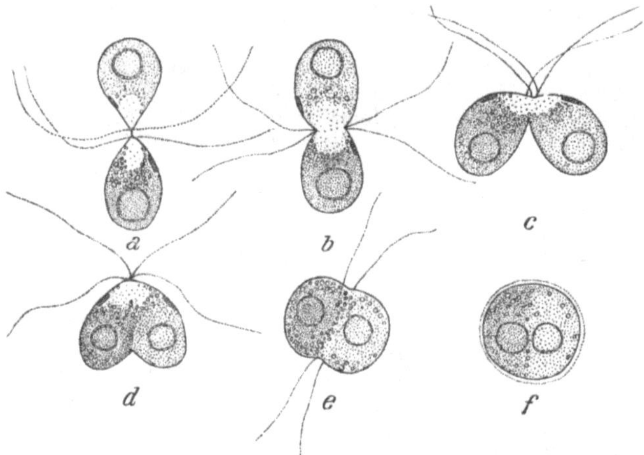

Abb. 38. *Dunaliella viridis* (Flagellat). Kopulation von Isogameten. Die eine Gametensorte ist durch Kultur in stickstoff- und phosphorarmer Lösung rot (dunkel) geworden, die andere normal grün (hell) geblieben. Es kopuliert stets nur rot mit grün. Trennung der beiden Plasmen in der Zygote (*f*) deutlich. Kreise nicht Kerne, sondern Pyrenoide! Nach Hartmann.

Wegen hat sich zeigen lassen, daß diese mit Recht als Ausdruck einer physiologischen Verschiedenwertigkeit aufgefaßt werden darf. Es gibt bei *Chlamydomonas* auch anisogame Arten, z. B. *Chl. Braunii*, bei denen die großen weiblichen Gameten und die kleinen männlichen Gameten auch äußerlich, morphologisch verschieden sind (Abb. 39a). Bei Kreuzungen mit der isogamen *Chl. synoica* zeigte sich, daß nur die eine Klasse, und zwar die zufällig als — Gameten bezeichnete, mit den weiblichen *Braunii*-Gameten kopulierte, die — Gameten also männliche Gameten waren, während die + Gameten nur mit den männlichen *Braunii*-Gameten kopulierten, also weibliche Gameten waren (Abb. 39b, c). Darüber hinaus waren die *Braunii*-Gameten mit einer oogamen Chlamydomonasart kreuzbar, d. h. mit einer Art, die im weiblichen Geschlecht Eier, im männlichen Spermien ausbildet. Es bleibt noch hinzuzufügen: Durch diese und andere Versuche ist zugleich bewiesen, daß nicht nur bei anisogamen und oogamen Arten, sondern auch bei reiner morphologischer Isogamie stets zwei und nur zwei Geschlechter gebildet werden. Das gilt für alle isogamen Organismen, wie im Band Geschlecht und Geschlechtsbestimmung näher ausgeführt ist (Näheres über die Physiologie der Geschlechtsunterschiede findet sich S. 115ff.).

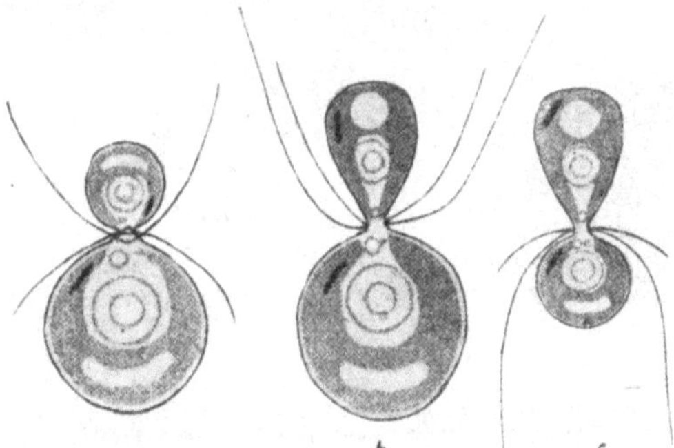

a b c

Abb. 39. Kreuzung der isogamen Gameten der zwittrigen *Chlamydomonas synoica* mit der getrenntgeschlechtlichen anisogamen *Chlamydomonas braunii* (Flagellaten). *a* anisogame Kopulation von *Chlamydomonas braunii*, unten große weibliche, oben kleine männliche Gamete. *b* Kopulation einer — Gamete von *Chlam. synoica* (oben) mit einer weiblichen Gynogamete von *Chlam. braunii*. *c* Kopulation einer + Gamete von *Chlamydomonas synoica* (oben) mit einer männlichen Androgamete von *Chlamydomonas braunii*. Nach Hartmann.

Mit den geschilderten Beispielen haben wir zugleich die drei Typen von Gametendifferenzierungen überhaupt kennengelernt: Isogamie, Anisogamie und Oogamie. Da sie alle drei bei kreuzbaren, also nahverwandten Arten vorkommen, braucht ihre innere Verwandtschaft nicht betont zu werden. Die Isogamie ist als der einfachste Fall aufzufassen, aus dem sich die anderen morphologischen Differenzierungen entwickelt haben. Isogamie liegt vor, wenn die Gameten beider Geschlechter morphologisch nicht zu unterscheiden sind, Anisogamie, wenn die Gameten deutlich verschieden groß sind, Oogamie, wenn ein Ei durch ein Spermium befruchtet wird.

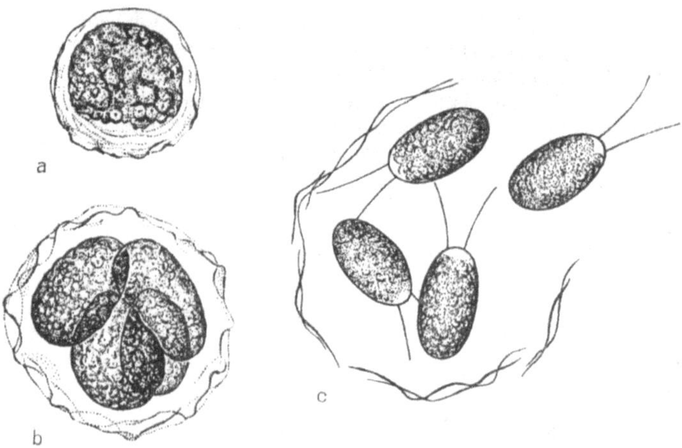

Abb. 40. Keimung von *Chlamydomonas eugametos* (Flagellat). *a* Zygote mit dicker Hülle, *b* Teilung in 4 Zellen (Reduktion), *c* Freiwerden der vier haploiden Zoosporen (Gonen). Nach Moewus.

Die isogame Befruchtung der *Chlamydomonaden* vollzieht sich so, daß zwei Gameten (in der Regel) sich der Länge nach zusammenlegen und verschmelzen (Abb. 38). Die so entstandene Zygote ist zunächst noch beweglich (sog. Planozygote, im vorliegenden Fall mit 4 Geißeln, da jeder Gamet 2 Geißeln besaß). Sie setzt sich jedoch bald unter Geißelabwurf fest und rundet sich ab. In der Zygote verschmelzen sehr bald die beiden Kerne, während die Zellplasmen noch längere Zeit getrennt bleiben können (Abb. 38f). Je nachdem, ob die Zygote bald oder spät auskeimt, umgibt sie sich mit einer dünneren oder dickeren Membran (Abb. 40a). Im letzten Fall, der auch für Chlamydomonaden zutrifft, kann die Zygote ungünstige Lebensbedingungen, selbst Austrocknen, überstehen. — Das Entscheidende an der Befruchtung ist die Verschmelzung der beiden haploiden Gametenkerne zu dem diploiden Zygotenkern.

Die ersten beiden Teilungen, die sich in der Zygote von *Chlamydomas* bei der „Keimung" vollziehen, sind die Reduktionsteilungen, so daß vier haploide Gonen entstehen. (Diese begeißeln sich und schlüpfen nach Auflösung der alten Zygotenmembran aus, Abb. 40). **Befruchtung ist also die Verschmelzung zweier geschlechtsverschiedener Gameten, vor allem zweier Kerne mit darauffolgender Reduktion.** Das ist die allgemein gültige Definition jedes Befruchtungsvorganges. In der Praxis, von der auch hier nicht abgewichen werden soll, wird allerdings auch ohne Rücksicht auf die Reduktion allein die Verschmelzung zweier Gameten als Befruchtung bezeichnet.

Im gewählten Beispiel ist der diploide Zustand, die **Diplophase**, nur durch eine Zelle bzw. einen Kern, den Zygotenkern, repräsentiert. Das übrige Leben der Chlamydomonaden spielt sich in der **Haplophase** ab: die haploiden Gonen vermehren sich agam, bis wieder eine Befruchtung eintritt. Solche Organismen heißen **Haplonten**. Da die Reduktion unmittelbar auf die Befruchtung folgt, liegt zygotische Reduktion vor. In Abb. 74 S. 84 ist der Fortpflanzungszyklus schematisch dargestellt.

Als zweites Beispiel einer hologamen isogamen Befruchtung sei *Amoeba diploidea* (Rhizopode) gewählt (Abb. 41). In der Zygote legen sich zwei haploide Kerne aneinander (h), die jedoch noch nicht miteinander verschmelzen. Es treten bei der Zygotenkeimung auch noch keine Reduktionsteilungen ein, so daß aus der Zygote eine diploide Amöbe (mit zwei haploiden Kernen) ausschlüpft (i). Die Kerne bleiben in der folgenden agamen Vermehrung während der Diplophase weiterhin getrennt, teilen sich aber gleichzeitig durch sog. konjugierte Teilungen (a—c). Ähnliche Fälle sind von Pilzen bekannt (s. u.). Bei Beginn einer Befruchtung legen sich zwei Individuen aneinander und umgeben sich mit einer Membran (d e). Jetzt erst verschmelzen in jedem Partner die beiden Kerne, dann auch die Zellplasmen. Die ersten beiden Teilungen dieser diploiden Kerne sind die Reduktionsteilungen (f g). Sie erfolgen in diesem Falle ohne Zellteilungen und nur ein haploider Kern jedes Partners bleibt am Leben. Wieder ist also die Reduktion die Folge der Befruchtung. Die haploiden Kerne legen sich wieder aneinander, womit der Zyklus geschlossen ist. Da die Kerne nicht gleich ver-

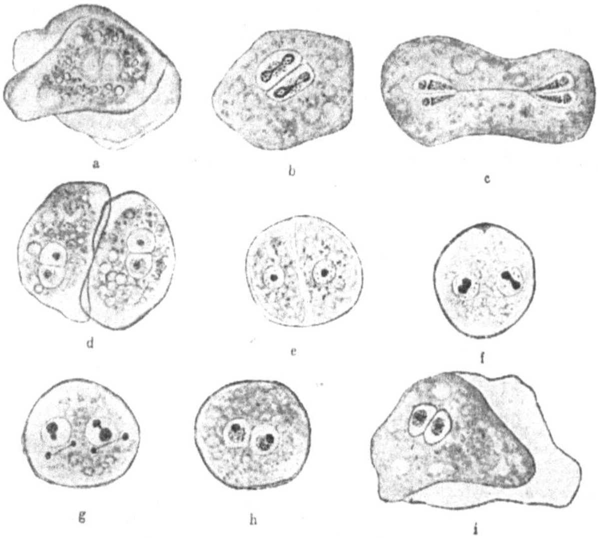

Abb. 41. *Amoeba diploidea.* *a—c* Vegetative Teilung mit konjugierter Kernteilung (*a* nach dem Leben). *d—h* Befruchtung. *d* Kopulation. *e* Kernverschmelzung. *f* und *g* Reduktion, Auflösung der Scheidewand. *h* Reife Zyste (Zygote). *i* Aus der Zygote schlüpfende Amöbe. Sublimatalkohol, Eisenhämatoxylin. Vergr. 1200fach. Nach Hartmann und Nägler.

schmelzen, ist die Trennung des väterlichen und mütterlichen Chromosomensatzes besonders deutlich, aber auch da, wo in der Zygote sofortige Verschmelzung der beiden Kerne, wie es meist der Fall ist, erfolgt, bleiben ja die Chromosomen des Vaters und der Mutter getrennt. Auch die Reduktion ist bis zum letzten möglichen Zeitpunkt hinausgeschoben, im Gegensatz zu *Chlamydomonas* ist *A. diploidea* ein reiner Diplont mit gametischer Reduktion. Die agame Vermehrung erfolgt in der Diplophase und die Haplophase ist nur durch einen Kern repräsentiert.

Ein weiterer Wesenszug der Befruchtung ist an *A. diploidea* deutlich zu erkennen. Wenn 100 Amöben miteinander verschmelzen, so kriechen aus den Zygoten 50 Amöben aus. Es hat also bei der Befruchtung keine Vermehrung, sondern sogar eine

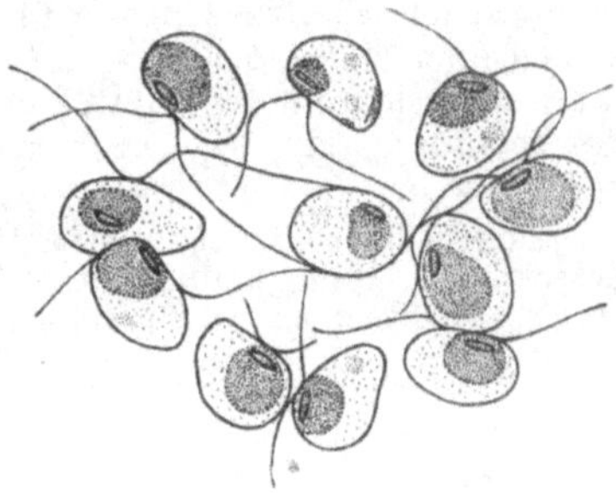

Abb. 42. *Ectocarpus siliculosus* (Braunalge). Verschiedengeschlechtliches Verhalten der äußerlich gleichen ♂ und ♀ Gameten beim Zusammenbringen. Gruppe mit in der Mitte festgesetzter ♀ Gamete, umgeben von männlichen Gameten. Nach Hartmann.

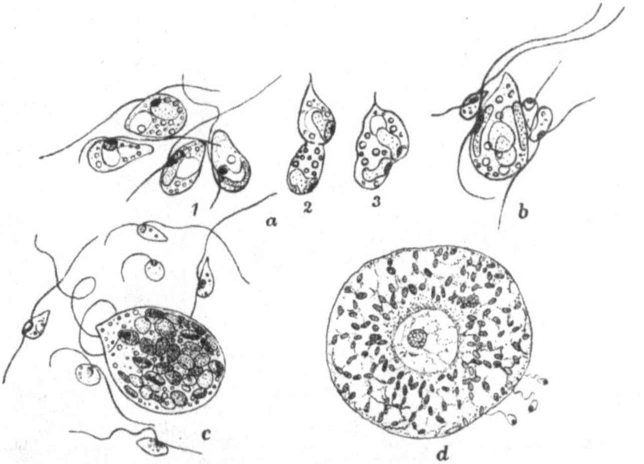

Abb. 43. Entwicklung der Eibefruchtung aus der isogamen über die anisogame Befruchtung bei den Braunalgen. *a Stictyosiphon tortilis.* 1 Isogameten, 2—3 deren Kopulation; *b Nemoderma tigrinum*, ♀ großer Gynogamet von ♂ kleinen Androgameten umgeben; *c* großer Gynogamet mit kleinen Androgameten von *Cutleria multifida*; *d Dictyota dichotoma*, Eizelle mit 8 Spermatozoiden *a—c* nach Kuckuck, *d* nach Williams.

Verminderung der Individuenzahl auf die Hälfte stattgefunden. Vermehrung erfolgt hier nur durch die Agamogonie. Würde sich *A. diploidea* nur geschlechtlich „fortpflanzen", so würde die Art sehr schnell ausgestorben sein. Es ist daher klar, daß sich nur Arten erhalten können, die auf irgend eine Weise sich vermehren. Bei den nur geschlechtlich sich fortpflanzenden Organismen wird dieses dadurch erreicht, daß die Individuen viele Gameten erzeugen.

Theoretisch ist die Vermehrungsfähigkeit der meisten Organismen ungeheuer groß. Wenn praktisch die Zahl erwachsener Individuen einer Art von Generation zu Generation in der Regel doch konstant

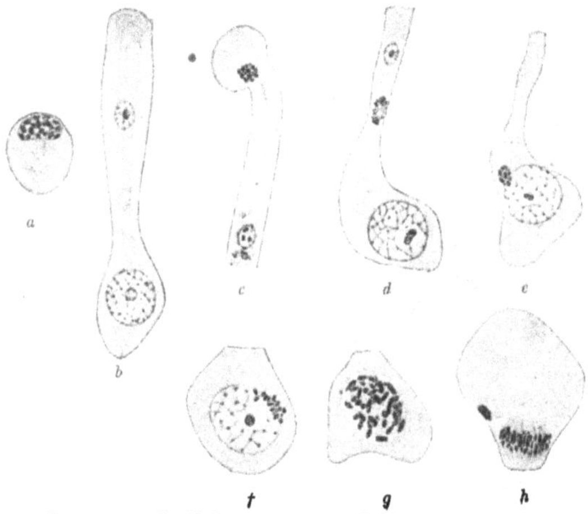

Abb. 44. Gameten und Befruchtung von *Polysiphonia violacea* (Rotalge). *a* „Spermatie" (♂ Gamete). *b* Reifes Carpogon (= Komplex von Ei und Hilfszelle) unten der Eikern. *c* Anheftung eines Spermatiums an das sog. Trichogyn. *d, e* Eindringen des männlichen Kernes. *f* Kernverschmelzung (Chromosomen des Spermatiums rechts oben). *g, h* Pro- und Metaphase der ersten Teilung der Zygote. Nach Yamanouchi.

bleibt, also nur eine „Fortpflanzung" im Wortsinne, aber keine Vermehrung erfolgt, so liegt das daran, daß im Durchschnitt von zwei Eltern nur zwei Nachkommen zur Fortpflanzung kommen. Bei rein ungeschlechtlicher „Vermehrung" sterben in der Regel immer 50% der Individuen ab. Bei Änderung des biologischen Gleichgewichtes, d. i. der Gesamtheit der Beziehungen zu anderen Organismen und der Umwelt, steigert oder senkt sich die praktische Vermehrung. Beispiele: viel Füchse wenig Hasen, wenig Füchse viel Hasen; riesige Ver-

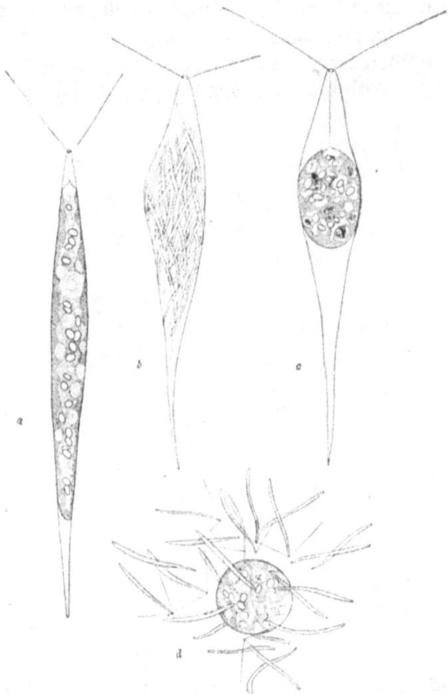

Abb. 45. Oogame Befruchtung des Flagellaten *Chlorogonium oogamum* (Volvocale). *a* vegetatives Individuum, großer Chromatophor mit Pyrenoiden und Stärkekörnern (oberhalb der Mitte der Kern); *b* ♂ Zelle, der Inhalt in zahlreiche nadelförmige Spermien aufgeteilt (ihre Geißeln nicht eingezeichnet); *c* ♀ Zelle, der gesamte Inhalt zu einer Eizelle zusammengezogen; *d* ausgetretene Eizelle, von Spermien umschwärmt (nur an einigen sind die Geißeln gezeichnet). Nach dem Leben; stark vergr. Nach Pascher.

mehrung der in Australien importierten Kaninchen, welche dort keine Feinde vorfanden; die zeitweise durch Euglenen usw. grünen Dorftümpel.

Merogamie. Merogam heißen alle Befruchtungen, bei denen nicht ganze Individuen, sondern von diesen gebildete Keimzellen kopulieren. Hierher gehören also sämtliche Formen, die Gametangien bilden. Die Merogamie kann wieder mit Iso-, Aniso- oder Oogamie verbunden sein, wobei sich die Übergänge in derselben Organismengruppe vollziehen können. Beispiele: Die Braunalge *Ectocarpus* ist isogam. Die physiologische

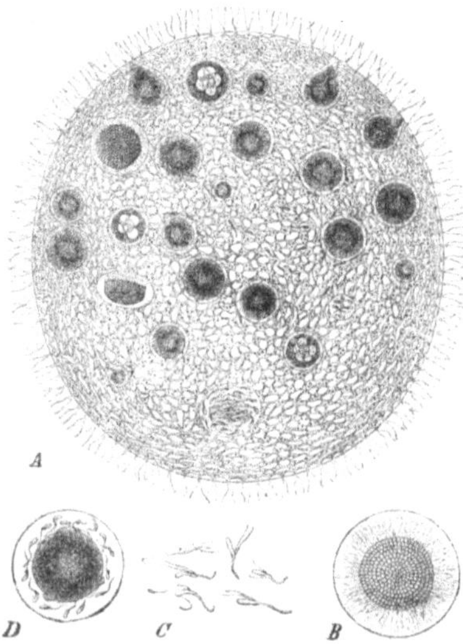

Abb. 46. *Volvox globator*. *A* Kolonie mit Eizellen und Spermatozoidengruppen in verschiedenen Entwicklungsstadien. Vergr. 110. *B* Spermatozoidbündel, aus einer Zelle durch Teilung entstanden. Vergr. 350. *C* Spermatozoiden. Vergr. 350. *D* Eizelle, in der Gallertmembran von Spermatozoiden umschwärmt. Vergr. ca. 175. Nach F. Cohn.

Verschiedenheit der geschlechtsverschiedenen Gameten ist dadurch deutlich, daß sich die weiblichen Gameten früher festsetzen als die männlichen (Abb. 42). Ebenso ist *Stictyosiphon* isogam, bei *Cutleria* dagegen herrscht Anisogamie, bei *Dictyota* typische Oogamie (Abb. 43). Alle Rotalgen sind ebenfalls oogam. Während aber sonst bei oogamen Befruchtungsvorgängen die Eier unbeweglich, die Spermien beweglich sind, ist bei den Rotalgen auch die männliche Gamete unbeweglich (Abb. 44) und gelangt nur passiv zum Ei. (Pilze s. S. 59—62.)

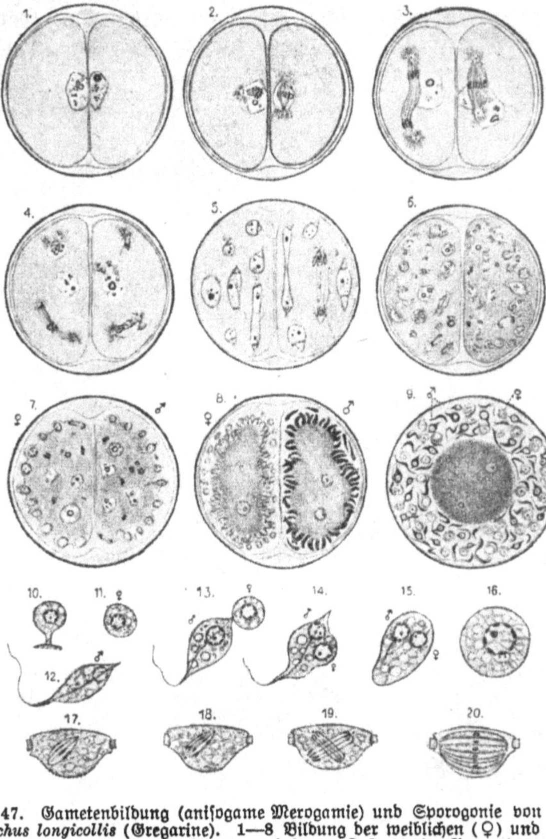

Abb. 47. Gametenbildung (anisogame Merogamie) und Sporogonie von *Stylorhynchus longicollis* (Gregarine). 1—8 Bildung der weiblichen (♀) und männlichen (♂) Gameten innerhalb der gemeinsamen Zyste zweier Gamonten. 9 Fertige Gameten, in der Mitte Restkörper mit vegetativen Kernen; 10—12 Gameten, 13—16 deren Kopulation. 17—20 Agamogonie (= Sporogonie) in der Zygote (Sporozyste). Nach Léger, etwas schematisiert.

Alle Übergänge von isogamer zu oogamer Befruchtung findet man auch bei merogamen Protozoen. *Chlorogonium elongatum* teilt sich, wie schon geschildert, in 16 isogame Gameten auf (Abb. 3 S. 12), die nahen Beziehungen zur Hologamie

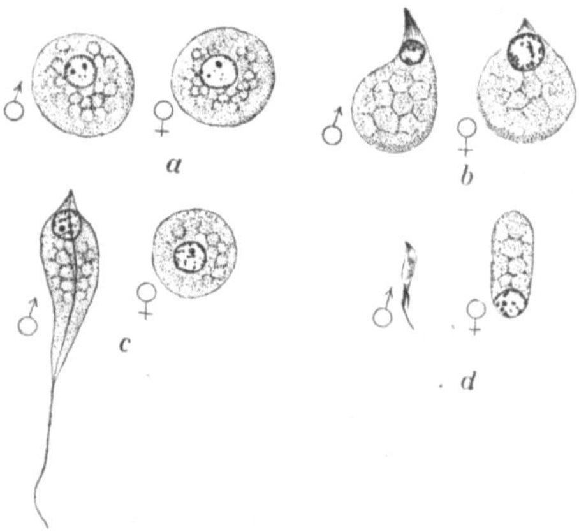

Abb. 48. Gameten verschiedener Gregarinen (Sporozoen), die allmähliche Ausbildung der Anisogamie zeigend. *a Monocystis sp.*, *b Urospora lagilis*, *c Stylorhynchus longicollis*, *d Echinomera hispida*, *a* und *b* nach Brasil, *c* nach Léger, *d* nach Schellack.

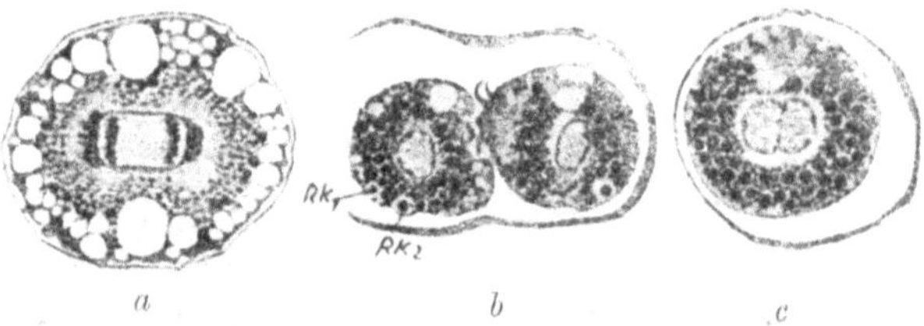

Abb. 49. Befruchtung von *Actinophrys sol* (Sonnentier, Rhizopode). *a* ein diploides Individuum teilt sich innerhalb einer Zyste, *b* die Tochterzellen sind nach Übergang in den haploiden Zustand (Reduktionsteilung) zu einer ♂ (rechts) und ♀ (links) Gamete geworden; die ♂ wandert aktiv zu der ♀ hinüber und kopuliert mit ihr, *c* die beiden Kerne vor der Verschmelzung. $Rk_{1,2}$ = absterbende Kerne aus den Reifeteilungen. Nach Belar.

sind damit deutlich. Während *elongatum* aber isogam ist, ist *Chl. oogamum* oogam (Abb. 45). Bei dieser Art liegt im weiblichen Geschlecht Hologamie, im männlichen Merogamie vor. Das ist auch bei den verwandten ebenfalls oogamen Arten *Eudorina* und *Volvox* (Abb. 46) der Fall, ebenso bei den Kokzidien (Sporozoa Abb. 92 S. 104). In beiden Geschlechtern merogam ist die Befruchtung der Gregarinen (Sporozoa Abb. 47). Hier sind auch alle Übergänge bis zu extremer Anisogamie

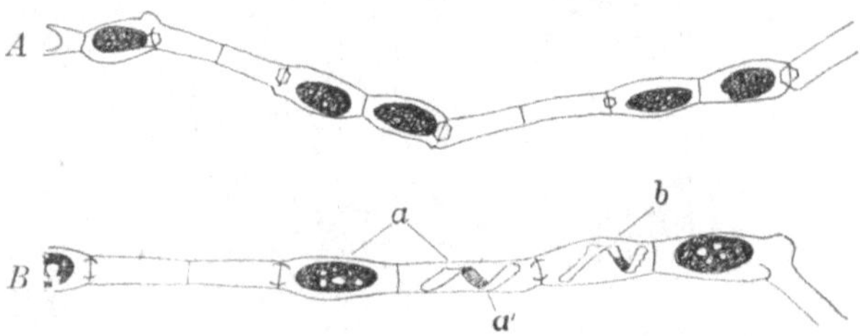

Abb. 50. Pädogamie von *Spirogyra spreeiana*. Zwittrige Art mit Seitenkopulation. Leere Zellen = männliche Zellen, deren Gameten in die weiblichen Zellen gekrochen sind und dort die dunklen Zygoten gebildet haben. Normalerweise liegen 2 ♂ und 2 ♀ Schwesterzellen nebeneinander (Doppelzellen *A*). *B* Doppelzellen, doch bei den mittleren Schwesterzellen die eine ♂ (*a'*), die andere ♀ (*a*). Nach Tröndle.

bekannt (Abb. 48). — Der Befruchtungsvorgang selbst ist für anisogame Formen in Abb. 25 S. 30 und Abb. 47 dargestellt. Bei der Oogamie dringt das Sperma mitunter an einer präformierten Stelle des Eies ein, der Mikropyle, z. B. bei den Kokzidien.

Wenn die Gameten getrenntgeschlechtlicher, heterözischer Arten kopulieren, so spricht man von Amphimixis, wenn die Gameten eines gemischtgeschlechtigen synözischen Individuums kopulieren, von Automixis. Zur automiktischen Befruchtung gehört auch die Pädogamie und Autogamie.

Pädogamie liegt vor, wenn zwei Schwesterzellen, die aus einer Zelle entstanden sind, verschmelzen. Das hologame Sonnentierchen *Actinophrys sol* (Rhizopode) enzystiert sich vor der Befruchtung (Abb. 49). Das diploide Individuum teilt sich mitotisch in zwei diploide Gamonten (man nennt Individuen, die Gameten produzieren oder zu solchen werden, Gamonten). In jeder Schwesterzelle erfolgen die beiden Reduktionsteilungen, wie bei *Amoeba diploidea* ohne Zellteilungen; es bleibt aber wieder nur 1 Gone am Leben. Die haploiden Gonen und ihre Kerne verschmelzen zur diploiden Zygote, aus der ein agam sich vermehrendes Individuum auskriecht. *Actinophrys* ist also

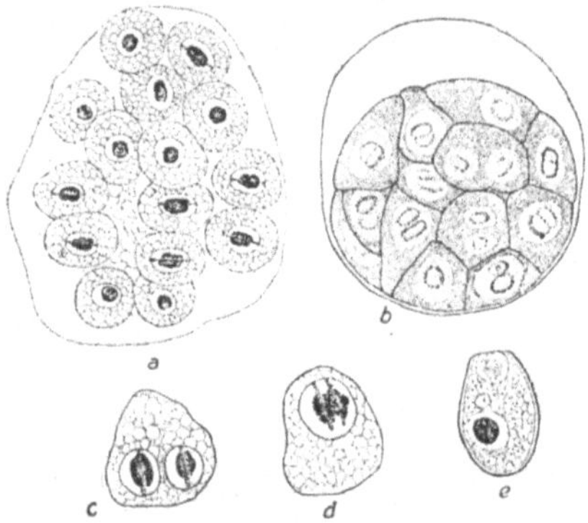

Abb. 51. Merogame Pädogamie von *Haplosporidium limnodrili* (Sporozoon. *a* Fertige Gameten innerhalb der Elternzyste; sie sind durch Teilung einer einkernigen Mutterzelle entstanden, also „Schwesterzellen". *b* Zyste mit kopulierten Gameten (nach dem Leben). *c* Zygote mit unverschmolzenen, *d* dgl. mit verschmolzenen, jedoch noch gonomeren Kernen. *e* Fertige einkernige Zygote. Vergrößert *a*, *c*—*e* 1200-, *b* 600fach. Nach Granata.

ein reiner Diplont. Mit der Befruchtung ist wieder keine Vermehrung, aber in diesem Falle auch keine Verminderung der Individuen verbunden. Ebenfalls hologam ist die Befruchtung bei den haploiden synözischen *Spirogyra*-Arten (Grünalgen), nur daß nicht immer direkte Schwesterzellen kopulieren (Abb. 50). Merogame Pädogamie liegt bei Haplosporidien (Sporozoen) vor (Abb. 51).

Autogamie ist eine automiktische Befruchtung, die sich innerhalb einer ungeteilten Zelle abspielt. Die Zellverschmelzung, also die Bildung eigentlicher Gameten, fehlt diesem Befruchtungsvorgang, dagegen nicht die Kernverschmelzung zu einem diploiden reduktionsbedürftigen Kern. So treten bei dem

Sporozoen *Ichthyosporidium giganteum* (Abb. 52) innerhalb einer plasmodialen Zellmasse zwei haploide Kerne aneinander, die sich unter konjugierten Teilungen vermehren. Erst später grenzt sich um jedes „Dikaryon" (den Doppelkern) eine Zelle ab. Noch später erfolgt die endgültige Verschmelzung der beiden Kerne. Wie bei allen Autogamien handelt es sich nicht um einen primär einfachen, sondern um einen rückgebildeten Befruch-

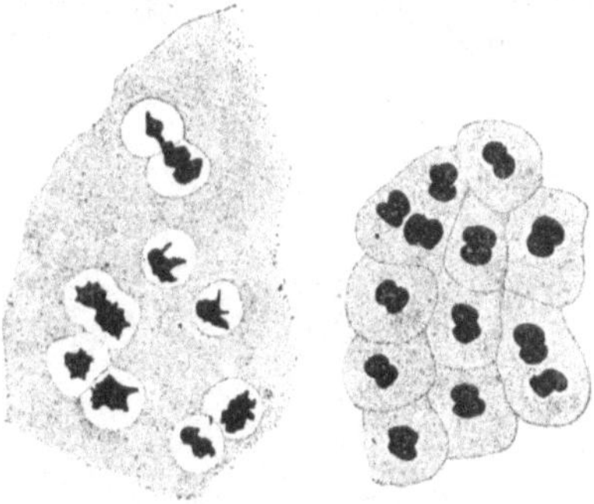

a b

Abb. 52. Autogamie von *Ichthyosporidium giganteum* Thélohan. *a* Vereinigung der Gametenkerne innerhalb des gemeinsamen Elternplasmas, das nicht in Zellen aufgeteilt ist. *b* Abgrenzung von Zellen (Sporoblasten) um die Dikaryen (Zygoten). Nach Swarczewsky.

tungsvorgang, der bei *Ichthyosporidium* aus einer isogamen Pädogamie entstanden ist. Die extremste Autogamie liegt bei einem Pilz, dem Hymenomyzeten *Hypochnus terrestris* vor (Abb. 53). Zwei haploide Kerne verschmelzen. Aus dem diploiden Kern entstehen durch die Reduktionsteilung vier haploide Gonen, welche in die Basidiosporenanlagen einwandern. Der haploide Kern jeder Basidiospore teilt sich zu zwei Kernen, die sich durch konjugierte Teilungen vermehren, wenn die Basidiospore zum Myzel auswächst. Vor der Bildung neuer Basidiosporen kopulieren je zwei Schwesterkerne, womit der Zyklus geschlossen ist. Die „Gameten"kerne sind also Schwesterkerne der einzigen haploiden Zelle, die in der Entwicklung vorkommt. — Über die Autogamie von Infusorien siehe S. 66.

Gametangienkopulation. Auch diese merkwürdige Befruchtungsart, die bei Zygo- und Askomyzeten (Pilzen) vor-

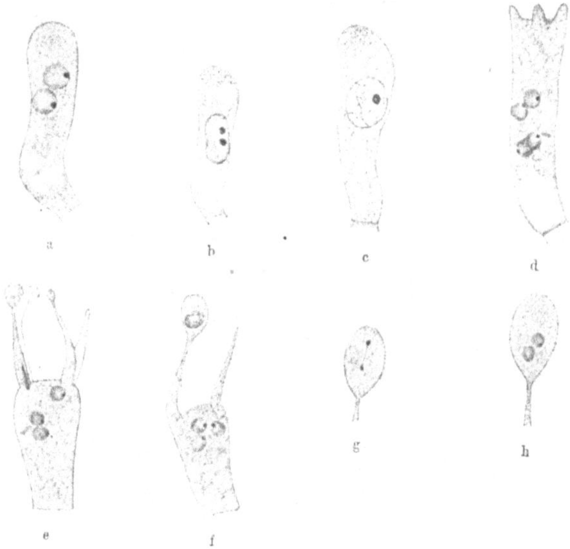

Abb. 53. *Hypochnus terrestris* (Hymenomyzet), Autogamie und Entwicklung der Basidiosporen. *a* und *b* Kernverschmelzung. *c* Diploides Synkaryon. *d* Die vier haploiden Kerne. *e, f* Einwanderung der Gonenkerne in die Basidiosporenanlage, *g, h* Übergang zur Diplophase, die beiden Schwesterkerne teilen sich konjugiert, bis sie wieder verschmelzen (*a, b*). Nach Kniep.

kommt, ist von normaler Gametenkopulation abzuleiten. Bei *Mucor mucedo* (Abb. 54) legen sich zwei haploide Hyphen aneinander und bilden jede ein Gametangium aus. Die Trennungswand der Gametangien wird aufgelöst und in der so gebildeten Zygospore vermischen sich die Plasmen. Je zwei Kerne verschmelzen miteinander; bei anderen Arten legen sie sich wie bei *Amoeba diploidea* nur aneinander und teilen sich konjugiert. Es findet also eine Vielfachbefruchtung statt, jeder Kern stellt quasi den Rest einer Gamete dar, die mit der anderen sich vereinigt. Aus der diploiden Zygospore keimt eine Hyphe (Pilzfaden) aus, die ein Sporangium mit Sporen (Agameten) bildet. Unmittelbar vor der Sporenbildung findet die Reduktionsteilung statt (und gegebenenfalls die Verschmelzung der konjugierten Kerne). Aus den Sporen keimen haploide Hyphen aus, die dann wieder Gametangien bilden. Die vegetativen Phasen von *Mucor mucedo* sind also entweder haploid oder diploid, d. h. dieser Pilz ist weder reiner Haplont noch Diplont, sondern ein Haplodiplont. Das liegt daran, daß die Reduktion weder unmittelbar vor noch unmittelbar nach der Befruchtung erfolgt, sondern auf einem mittleren Entwicklungsstadium (intermediäre Reduktion). — Bei anderen Mukorineen ist die Gametangienkopulation anisogam.

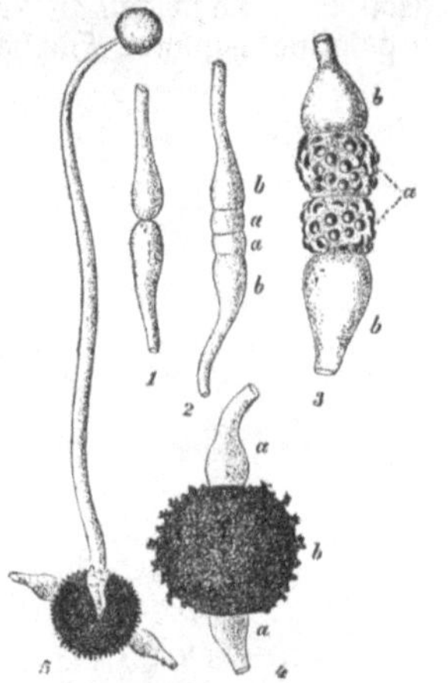

Abb. 54. Zygosporenbildung von *Mucor mucedo* (Zygomyzet). 1 Konjugationsäste. 2 Abgrenzung der Gametangien *a* von den Suspensoren *b*. 3 Weiteres Stadium; die Warzen der Membran beginnen ihre Bildung. 4 Reife Zygospore (Zygote mit Vielfachbefruchtung) (*b*) zwischen den Suspensoren (*a*). 5 Keimung der Zygospore; Hyphe mit einem Sporangium. 1—4 Vergr. 150fach, 5 Vergr. zirka 40fach. Nach Brefeld.

Anisogam ist sie auch bei den Askomyzeten (Abb. 55). Das weibliche Gametangium, das hier den Namen Askogon trägt, bildet ein Trichogyn aus, ein schlauchförmiges Anhängsel, das mit dem Antheridium verschmilzt. Durch das Trichogyn dringen Plasma und Kerne in das Askogon ein, in dem eine paarweise Aneinanderlagerung erfolgt. Die „Dikaryen" teilen sich konjugiert, wobei aus dem Askogon Hyphen auskeimen, die sog. askogenen Hyphen. In deren Endzellen findet vor der Askosporenbildung (Agameten) die endgültige Verschmelzung der Kerne (Abb. 56) und anschließend die Reduktion statt. Aus den haploiden Askosporen keimen

Hyphen aus, die wieder Gametangien bilden. Wie bei den Zygomyzeten liegt also intermediäre Reduktion vor.

Somatogamie. Bei einer weiteren Rückbildung des Befruchtungsvorganges werden auch keine Gametangien mehr gebildet. Dann kommt es dazu, daß zwei anscheinend rein vegetative haploide Hyphen verschmelzen. So ist es z. B.

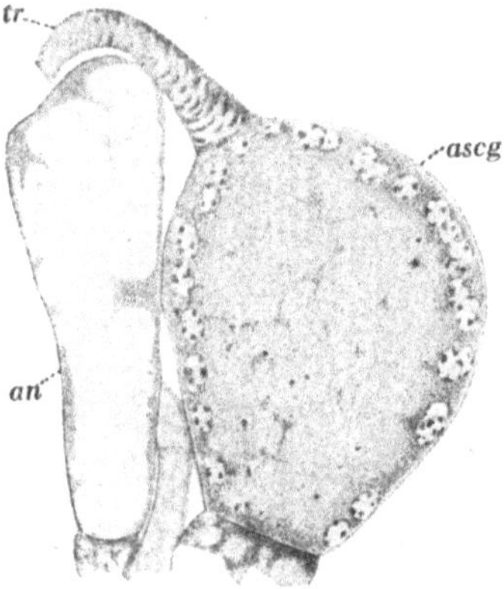

Abb. 55.

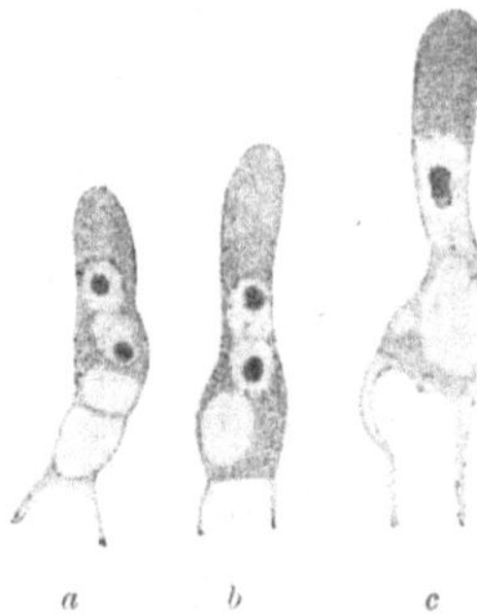

Abb. 56.

Abb. 55. Sexualakt bei *Pyronema confluens* (Askomyzet). Das vielkernige Antheridium (*an*) hat seinen Inhalt durch das Trichogyn (*tr*) in das vielkernige weibliche Organ (Askogon, *ascg*) entleert. Im Askogon haben sich die Gametenkerne meist gepaart (jedes Paar besteht aus einem ♂ und einem ♀ Kern). Die Kerne bleiben während der gesamten Diplophase unverschmolzen, die Kernverschmelzung erfolgt erst vor der Reduktion im Askus (s. Abb. 56). Zirka 865fach. Nach Claussen.

Abb. 56. *Pyronema confluens* (Askomyzet). *a*—*c* Verschmelzung des Kernpaares im jungen Askus. Vergr. 1165fach. Nach Claussen.

bei der Pilzgruppe der Basidiomyzeten (Abb. 79, S. 83; Übergänge zur Gametangienkopulation sind bekannt). Dieser Geschlechtsvorgang wird mit dem wenig glücklichen Namen Somatogamie bezeichnet. Die Kerne zweier verschmolzener Myzelfäden legen sich wieder nur aneinander und teilen sich in dem nunmehr diploiden Myzel konjugiert. Kernverschmelzung und Reduktion erfolgt erst bei der Bildung der Basidiosporen im Hut (s. auch Generationswechsel). Es erfolgt also wieder intermediäre Reduktion.

Gametangienkopulation und Somatogamie kommen nur bei Pilzen vor. Andere Pilzgruppen, so die Archi- und Phykomyzeten haben aber, wie betont sei, normale Gametenbefruchtung. Eingeißelige isogame Planogameten kopulieren bei *Olpidium*,

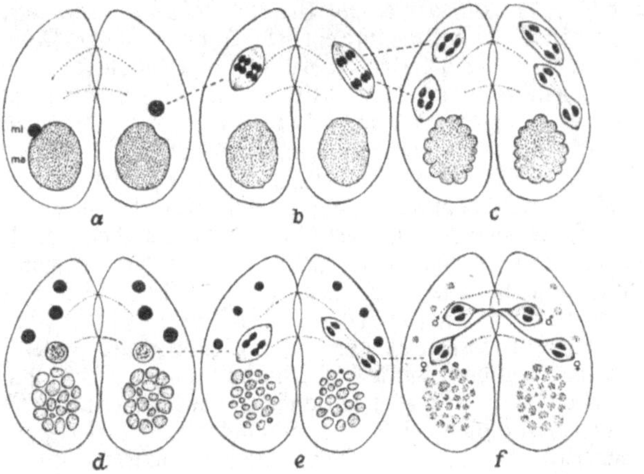

Abb. 57. Schema der Konjugation von *Chilodon uncinatus* (Ziliat). Dem Schema sind die Untersuchungen von Enriques resp. McDougall zugrunde gelegt. *a* Aneinanderlagerung der Konjuganten (Gamonten), *b* und *c* die beiden Reifeteilungen mit Reduktion von 4 auf 2 Chromosomen; *d*, *e* je drei der gebildeten Mikronuklei werden kompakt und gehen zugrunde, *e* Teilung des haploiden Mikronukleus zu den beiden Gametenkernen, *f* Austausch der Kerne. Der alte Makronukleus (*ma*) zerfällt, *mi* = Mikronukleus. Nach Belar.

anisogam sind sie bei *Allomyces*, Oogamie findet sich bei *Monoblepharis*. Außer *Allomyces*, der ein Haplodiplont ist, sind diese Pilze auch reine Haplonten, da die Reduktion bei der Zygotenkeimung erfolgt.

In allen bisher geschilderten Fällen liegt entweder eine Kopulation zweier Gameten vor, oder bei den rückgebildeten Fällen ist die Befruchtung doch von einer Gametenkopulation abzuleiten. Bei einer Gruppe von Protozoen, den Ziliaten (= Infusorien), liegt dagegen ein rückgebildeter Befruchtungsmodus vor, der auf anderem Wege zustande gekommen sein muß und als Konjugation der Kopulation gegenüberzustellen ist.

Konjugation der Ziliaten. Die Ziliaten besitzen bekanntlich zwei Kerne, den Makronukleus und den Mikronukleus (S. 7 und Abb. 1). Wir wählen als Beispiel *Chilodon uncinatus*, das nur einen Makronukleus und einen Mikronukleus führt (Abb. 57). Bei anderen Arten verlaufen die Vorgänge im einzelnen etwas abweichend, meist auch komplizierter, im Prinzip aber genau so. Bei der Konjugation legen sich zwei diploide Individuen aneinander und verschmelzen vorübergehend mit ihren Mundöffnungen. In jedem Individuum wird der Makronukleus aufgelöst. Der Mikronukleus teilt sich zweimal, wobei die Reduktion erfolgt. Es werden also vier Gonenkerne gebildet, von denen jedoch nur einer am Leben bleibt, wie wir das ja schon öfter kennenlernten. Dieser nunmehr haploide Kern teilt sich nochmals in den stationären, weiblichen Kern und den männlichen Wanderkern. Der Wanderkern jedes Individuums wandert durch die Mundöffnung in den Partner hinüber, wo er mit dem stationären Kern verschmilzt. Damit ist die Befruchtung vollendet. Die Richtigkeit dieser z. T. nur schwierig zu machenden Beobachtungen wurde durch Vererbungsversuche bestätigt[1]). Nach der Befruchtung trennen sich die Partner, der diploide „Zygoten"kern teilt sich mitotisch in zwei Kerne, aus deren einem der neue Makronukleus entsteht, der andere wird zum Mikronukl us. Es folgt weiterhin normale agame Vermehrung mit mitotischer Teilung des diploiden Mikronukleus und „amitotischer" Teilung des Makronukleus (s. jedoch S. 7). Die Reduktion als Folge der Befruchtung findet erst auf dem letzten möglichen Stadium, vor der „Gameten"bildung statt, also ähnlich wie bei *Actinophrys*, wobei die Gameten allerdings nur durch Kerne repräsentiert werden. Trotzdem sind die Ziliaten nicht reine Diplonten, da ja der bereits haploide Mikronukleus sich erst nochmals in die beiden eigentlichen „Gameten"-kerne teilt. Die Ziliaten sind also Haplodiplonten gleichzusetzen,

[1]) Sonneborn, 1947, Advances in Genetics 1, 264—358.

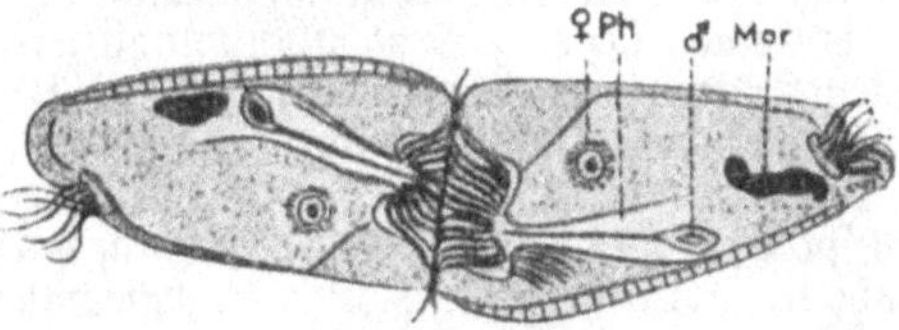

Abb. 58. Überwandern der ♂ Kerne durch die Mundöffnung *Ph* des Partners bei der Konjugation von *Cycloposthium bipalmatum* (Ziliat). Männliche Kerne mit plasmatischem Schwanzanhang. *Mar* = Rest des Makronukleus. Nach Dogiel.

bei denen die weitgehend rückgebildete haploide Phase nur durch eine Kernteilung dargestellt ist, und zwar im ursprünglich diploiden Individuum. Deshalb sind auch die beiden Konjugationspartner nicht Gameten, sondern Gamonten gleichzusetzen, und zwar zwittrigen, synözischen Gamonten. Daß Gamonten sich vorübergehend vereinigen, ist kein einzeln dastehender Fall: auch bei zwittrigen Schnecken vereinigen sich zwei Individuen (Gamonten), die beide sowohl männliche wie weibliche Gameten produzieren und sich wechselseitig befruchten.

Die definitive sexuelle Differenzierung, d. h. die Geschlechtsbestimmung erfolgt erst durch die Teilung des haploiden Mikronukleus zum männlichen Wanderkern und stationären weiblichen Kern. Es gibt Formen, bei denen hierdurch nicht nur physiologisch, sondern auch morphologisch verschiedene Kerne entstehen (also wieder Übergänge von Isogamie zu Anisogamie), so bei *Cycloposthium*, einem in Wiederkäuermägen vorkommenden Ziliaten, bei dem der Wanderkern sogar ähnlich einem Spermium ausgebildet ist (Abb. 58). —

Soweit bekannt, kopuliert jede zwittrige Schnecke mit jeder beliebigen anderen. Man sollte das gleiche von allen Ziliaten erwarten. Oft ist es auch der Fall, bei verschiedenen Ziliaten, z. B. Stämmen von *Paramecium*, hat sich aber neuerdings herausgestellt, daß es zwei Klassen von Gamonten, Paarungstypen, gibt: Klasse a konjugiert in der Regel nur mit b. Die Verschiedenheiten werden offenbar durch Verschiedenheiten der Makronuklei hervorgerufen, die ihrerseits durch Außenfaktoren modifizierbar sind. Außerdem spielen genetische Unterschiede sowohl chromosomaler und wahrscheinlich plasmatischer Art eine Rolle. Im einzelnen liegen z. T. ziemlich komplizierte und bei verschiedenen Arten verschiedene Verhältnisse vor[1]). Es wäre falsch, diese Art der Klassenbildung den Verhältnissen bei isogamen Gameten gleichzusetzen, also von zwei Geschlechtsklassen zu sprechen. Vielmehr handelt es sich um Gamontenverschiedenheiten zwittriger Arten. Jeder konjugierende Gamont produziert wie üblich einen männlichen und weiblichen Kern mit wechselseitiger Befruchtung. —

Neben der Konjugation kommt bei *Paramecium aurelia* als häufiger Geschlechtsvorgang Autogamie vor (s. S. 58ff). Hierbei erfolgen in ungepaart bleibenden Individuen unter Auflösung des Makronukleus alle Veränderungen am Kernapparat wie bei der Konjugation und es verschmelzen zwei haploide Schwestermikronuklei, aus deren Abkömmlingen ein neuer Makronukleus entsteht. Diese Fortpflanzungsart ist für die Aufklärung der Vererbungsvorgänge an Paramecien von größter Bedeutung geworden, worauf hier nebenbei hingewiesen sei. Das Vorkommen einer anderen früher angegebenen Fortpflanzungsart — Endomixis, einer Parthenogenese ohne Mikronukleusverschmelzungen — ist nach den neuen Erfahrungen zweifelhaft geworden[2]).

Ein Überblick über die Vielfalt der Befruchtungsvorgänge bei Protozoen und Thallophyten läßt nochmals erkennen, daß das allen Typen gemeinsame Prinzip in der Verschmelzung zweier geschlechtsverschiedener Kerne mit nachfolgender Reduktion besteht. Bei den übrigen, nunmehr zu besprechenden Organismengruppen sind die Verhältnisse insofern viel einfacher und einheitlicher, als stets eine typische Ei-Spermabefruchtung erfolgt (Bryophyten, Pteridophyten, Samenpflanzen, Metazoen). Trotzdem ist die Mannigfaltigkeit noch groß genug. Wirklich kompliziert sind aber nur die Vorgänge bei den Samenpflanzen, die erst verstanden werden können, wenn die Fragen des Generationswechsels besprochen worden sind und daher hier noch nicht behandelt werden sollen.

---

[1]) Jennings u. a. 1939, Americ. Natur. **73**, 385—456; Sonneborn, Schwarz s. Anm. 1 S. 8.

[2]) Diller 1936, J. Morph. **59**, 11—67; Sonneborn Anm. 1 S. 8.

c) Bryophyten, Pteridophyten.

Die Spermien pflanzlicher Organismen werden in der botanischen Literatur meist Spermatozoide genannt, doch erscheint eine einheitliche Bezeichnung als Spermien angebracht. Wie schon erwähnt, entstehen die Spermien aus dem spermatogenen Gewebe der Antheridien, die Eier in den Archegonien (Abb. 27 S. 32), und zwar die Spermien in Vielzahl, die Eier in Einzahl. Die Eier sind vielmals größer als die Spermien, ihre Gestalt ist ± kugelig. Die Spermien sind langgestreckt, oft schraubig gewunden. Sie sind stets begeißelt; Moosspermien besitzen zwei Geißeln (Abb. 59), Farn- und Schachtelhalmspermien ein ganzes Geißelband (Abb. 60). Da sie aus rundlichen bis leicht polygonalen Zellen entstehen, sind mit ihrer endgültigen Differenzierung bestimmte Umbildungen verbunden, vor allem wird der Kern kompakt und in die Länge gestreckt; die Geißeln entstehen aus den Zentrosomen (Abb. 60).

Abb. 59. Spermium von *Blasia* (Lebermoos). Es besteht fast nur aus Kernsubstanz; am Hinterende (punktiert) Plasma, das auch um den Kern eine feinste Hülle bildet. Nach Sharp.

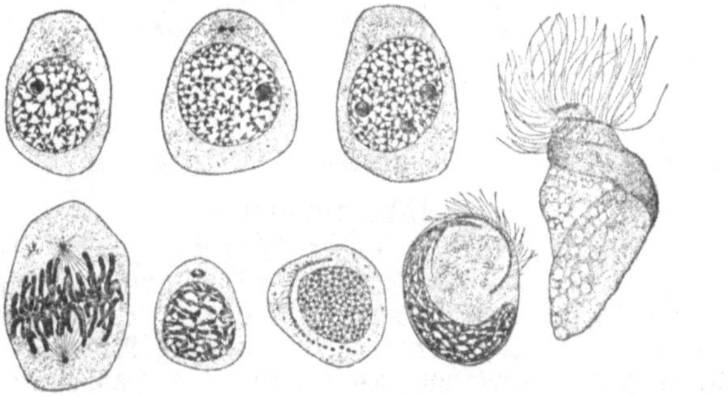

Abb. 60. Spermatogenese bei *Equisetum arvense* (Schachtelhalm). Auftreten von Zentrosomen in der letzten Mitose, Umwandlung des Zentrosoms in Blepharoplasten, aus welchen die Geißeln entspringen. Streckung des Kernes. Rechts fertiggestelltes, vielgeißeliges Spermium. Fixiert und gefärbt; stark vergrößert. Nach Sharp.

Soweit bekannt, dringt bei der Befruchtung das ganze Spermium in das Ei ein. Die Geißeln werden im Zytoplasma resorbiert, das Schicksal des Spermaplasmas ist ungewiß. Der Spermakern dringt in den Eikern ein, womit dieser Teil der Befruchtung beendet ist. Die Reduktion erfolgt intermediär bei der Sporenbildung (s. Generationswechsel).

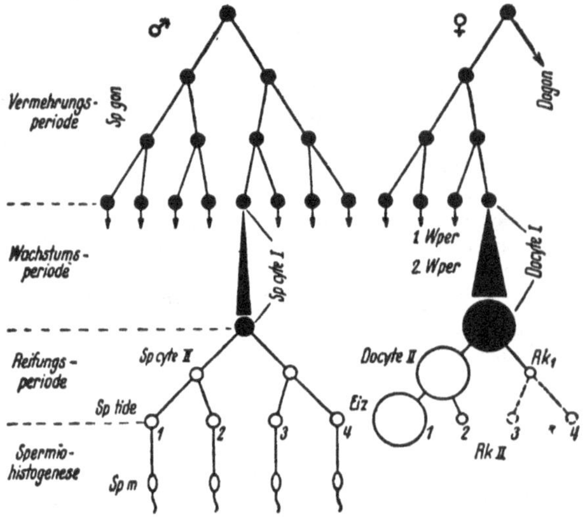

Abb. 61. Schema der Spermiogenese und Oogenese bei Metazoen. Nach Kühn.

d) Metazoen.

α) Samenzellbildung oder Spermatogenese (Spermiogenese). Bei allen Metazoen ist die Reduktion gametisch, sie erfolgt erst bei der Bildung der Gameten, kurz vor der Befruchtung. Zwischen Kernverschmelzung und Reduktion liegt also die ganze Entwicklung des Individuums. Haploid sind nur die nicht teilungsfähigen Keimzellen. Die Metazoen sind demnach reine Diplonten. Die noch diploiden männlichen Urkeimzellen im Hoden heißen Spermatogonien (Spermiogonien). Sie vermehren sich mitotisch. Daran schließt sich

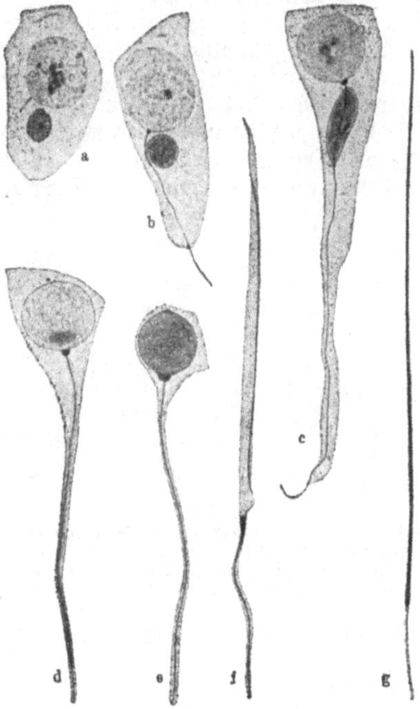

Abb. 62.

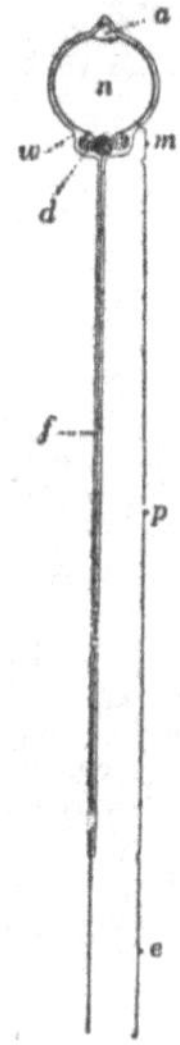

Abb. 63.

Abb. 62. Spermiohistogenese von *Stenobothrus lineatus* (Heuschrecke). *a* Spermatide kurz nach der II. Reifeteilung, unter dem Kern ein Mitochondrienklumpen; Zentrosom (links unten am Kern) stäbchenförmig. *b* Bildung des Schwanzfadens. *c* der Mitochondrienklumpen beginnt einen Überzug des Achsenfadens zu bilden. *d*—*f* spätere Stadien; nur die Vorderenden der Spermatiden gezeichnet. *g* Kopf und Anfang des Schwanzes eines reifen Spermiums (NB. Länge des Kopfes 130 μ, Dicke 0,8 μ, Länge des Schwanzfadens 360 μ). *a*—*f* 666fach. *g* ca. 425fach. Nach Belar.

Abb. 63. Schema eines tierischen Geißelspermiums von Echinodermen. Der Schwanzfaden ist nicht in seiner ganzen Länge gezeichnet (unterbrochene Stelle!). *a* „Akrosom“, *d* Chondriosomen, *e* Endfaden, *f* Achsenfaden, *m* Mittelstück, *n* Kern, *p* Hauptstück des Schwanzfadens, *w* Oberfläche des zytoplasmatischen Überzuges. Nach Bowen.

eine Wachstumsperiode ohne Teilung zu Spermatozyten 1. Ordnung an (Abb. 61). Diese teilen sich zu zwei Spermatozyten 2. Ordnung, und jede Spermatozyte 2. Ordnung zu zwei Spermatiden. Während dieser beiden Teilungen findet die schon vorher vorbereitete Reduktion statt, so daß die vier aus einer Spermatogonie hervorgegangenen Spermatiden, die Gonen, bereits haploid sind. Die Spermatiden wandeln sich sofort in Spermien (= Spermatozoen) um (sog. Spermio-

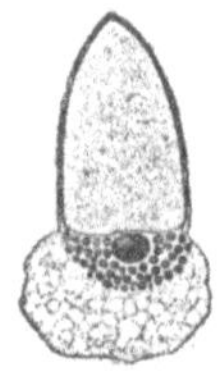

Abb. 64.

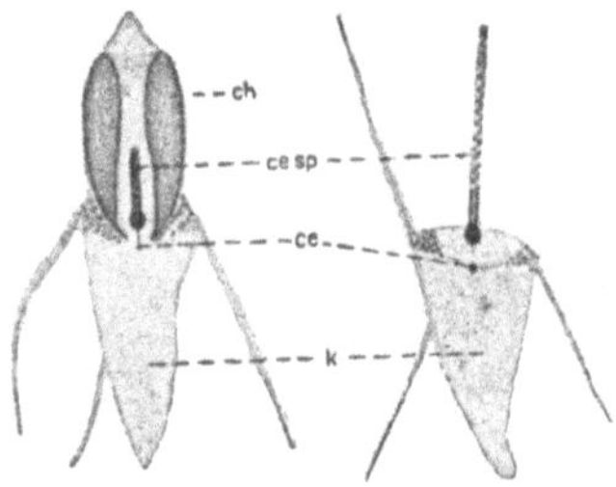

Abb. 65.

Abb. 64. Amöboides Spermium von *Ascaris megalocephala* (Pferdespulwurm). Oben der kegelförmige sog. Glanzkörper. Darunter der Kern (klein, dunkel) umgeben von sphärischen Mitochondrien. Der unregelmäßig begrenzte, vakuolisierte Teil ist das pseudopodienbildende Zytoplasma. Nach einem fixierten Präparat (Sublimatosmium). Vergr. zirka 1300fach. Nach Belar.

Abb. 65. Explosionsspermien von *Pagurus striatus* (Krustazee). Links reifes, rechts explodiertes Spermium. *ce* proximales Zentrosom. *cesp* distales Zentrosom mit Spiralfaden. *ch* Chitinkapsel. *k* Kern. Fädige Anhängsel = Pseudopodien. Vergr. ca. 1530fach. Nach Koltzoff.

histogenese, Abb. 62, 63, 71 i). Der Kern verdichtet sich, oft streckt er sich außerordentlich in die Länge und wird zum Kopf. Das Zentrosom geht in das Mittelstück ein und läßt aus sich den Schwanzfaden, eine Geißel, hervorwachsen. Am vorderen Ende des Kopfes wird oft vom sog. Golgiapparat ein Akroblast oder Perforatorium gebildet (Funktion unbekannt!). Das Zytoplasma bildet einen hauchdünnen, oft nicht mehr nachweisbaren Überzug über das ganze Spermium. Im Gegensatz zu den Flagellaten erfolgt die Bewegung mit dem Kopfe voran.

Dieser Typus, die Geißelspermien, ist der häufigste. Er kommt bei Zölenteraten, Echinodermen, Insekten, Wirbeltieren u. a. vor. Außerdem gibt es zwei andere Typen. Erstens die amöboiden Spermien, die auf Nematoden, Kladozeren und Milben beschränkt sind (Abb. 64). Diese Spermien sind geißellos und bewegen sich durch Pseudopodien. Der Körper ist ± gedrungen, meist einfacher gebaut als bei dem abgebildeten *Ascaris*. Zweitens die Explosionsspermien. Dieser Typus kommt nur bei dekapoden Krebsen vor (Abb. 65). Die Bewegung erfolgt ebenfalls durch Pseudopodien. Eine kompliziert gebaute Chitinkapsel explodiert bei Berührung des Eies.

Die Zahl der Spermien, die im Laufe des Lebens produziert werden, ist meist riesengroß, ihre Größe oft winzig klein. Einige Maßangaben mögen folgen: Geißelspermien. 1. *Sphaerechinus granularis* (Seeigel). Kopf 1.5 × 3 μ, Mittelstück 0.8 μ, Schwanz 50 μ. 2. *Triton* (Molch) Kopf 64 × 1.6 μ, Mittelstück 2.8 × 1.6 μ, Schwanz 230 μ. 3. *Mensch* Kopf 4.5 × 2.5 × 1.5 μ, Schwanz 50—60 μ. Kugeliges amöboides Spermium von *Rhabditis monohystera* (Nematode) 2 μ.

Bei einer Begattung werden vom Männchen stets viele Spermien abgegeben, meist voneinander isoliert. Bei einer Reihe von Tieren, so Cephalopoden (Mollusken), Hirudineen (Würmern), vielen Crustaceen, *Peripatus*, Molchen, werden die Spermien aber in Sammelbehälter, Spermatophoren, verpackt, die einfach aber auch kompliziert gebaut sein können. Die Spermatophoren werden oft durch eine Begattung in den Körper des Weibchens eingeführt, wo die Spermien frei werden.

Neben typischen Spermien, welche allein die Befruchtung vollziehen, werden bei vielen Prosobranchiern und Schmetterlingen noch atypische Spermien gebildet, die oligo- oder apyrenen Spermien. Durch Störungen bei den Reifeteilungen erhalten sie keine oder nur wenige Chromosomensubstanz. Die Entstehungsweise ist aber bei beiden Gruppen ganz unterschiedlich. Die atypischen Spermien sind nicht befruchtungsfähig. Ob sie andere Funktionen besitzen, ist ungeklärt.

β) Eibildung oder Oogenese. Die den Spermiogonien entsprechenden weiblichen Urkeimzellen, die Oogonien, vermehren sich ebenfalls mitotisch. Durch Beobachtungen und Experimente ist erwiesen, daß Oogonien zu Spermiogonien und umgekehrt werden können. Erst mit der Wachstumsphase ist das endgültige Schicksal entschieden. Die Oogonien machen eine viel längere Wachstumsphase durch als die Spermiogonien (Abb. 61 S. 68). In der zweiten Periode des Wachstums findet die Dotterbildung statt. Der Dotter ist eine Reservesubstanz und dient zur Ernährung der später sich entwickelnden Embryonen. Mit dem Abschluß des Wachstums haben die weiblichen Keimzellen ihre spätere endgültige Größe erreicht (Oozyte 1. Ordnung). Die beiden folgenden Teilungsschritte, wieder die Reifeteilungen, verlaufen nämlich hochgradig inäqual, so daß nur kleine Plasmaknospen, die Richtungs- oder Polkörper, abgeschnürt werden. Für die Fortpflanzung sind die Richtungskörper bedeutungslos. Nach der Abschnürung des ersten Richtungskörpers liegt die Oozyte 2. Ordnung vor, nach Abschnürung des zweiten Richtungskörpers das reife, befruchtungsfähige Ei (Abb. 61 S. 68). Der erste Richtungskörper ist oft so „schwach", daß er sich nicht mehr teilt (Abb. 71 S. 76). Im anderen Falle gehen, wie üblich, aus den beiden Reifeteilungen vier haploide Gonen hervor, von denen drei allerdings sehr klein sind. Hierfür gibt es schon bei den niedersten Organismen Beispiele (*Eudorina*). Mitunter findet überhaupt keine Abschnürung der Richtungskörper statt, sondern es erfolgen nur Kernteilungen im Ei, wobei nur ein Kern zum Eikern wird, ähnlich wie es bei *Actinophrys* und *Amoeba diploidea* der Fall ist. Die „Polkerne" gehen in der Regel ebenso wie die abge-

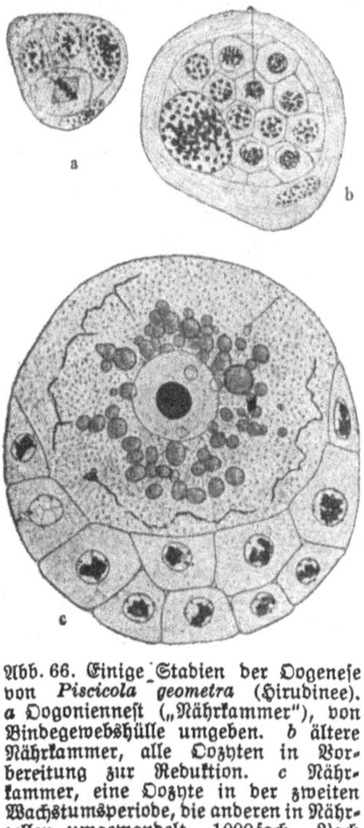

Abb. 66. Einige Stadien der Oogenese von *Piscicola geometra* (Hirudinee). *a* Oogoniennest („Nährkammer"), von Bindegewebshülle umgeben. *b* ältere Nährkammer, alle Oozyten in Vorbereitung zur Reduktion. *c* Nährkammer, eine Oozyte in der zweiten Wachstumsperiode, die anderen in Nährzellen umgewandelt. 1000fach. Nach Jörgensen.

schnürten Richtungskörper zugrunde. In Ausnahmefällen können aber beide befruchtet werden.

In sehr vielen Fällen findet nicht eine „solitäre", sondern eine alimentäre Eireifung statt, indem die Oozyten in enge Verbindungen zu Hilfszellen treten. Sind diese groß, der Oozyte einseitig anliegend, heißen sie Nährzellen (Abb. 66). Sind sie klein und epithelartig angeordnet, heißen sie Follikelzellen (Abb. 33 S. 38, diese bilden außerdem sekundäre Eihüllen, s. u.). Wahrscheinlich spielen diese Zellen als Energielieferanten für die Dotterbildung eine Rolle. Oft entstehen die Einährzellen durch Umwandlung junger Oozyten (Abb. 66), mitunter aus somatischen Zellen.

Die nackten Eier werden außerdem oft von Hüllen umgeben, deren schützender Charakter meist auf der Hand liegt. Zeitlich erfolgt die Hüllenbildung von der Reifungsperiode an bis zur Zeit nach dem Eindringen des Spermas in das Ei. Es lassen sich drei Arten von Eihüllen unterscheiden:

Primäre Eihüllen werden vom Ei selbst gebildet. Noch während der Eireifung wird bei vielen Tieren die sog. Dottermembran gebildet, aber nicht etwa vom Dotter, sondern vom oberflächlichen Eiplasma (Abb. 67, 68). Nach dem Eindringen des Spermas entsteht oft eine Befruchtungsmembran (Abb. 71), die zu der Dottermembran hinzukommen kann (Abb. 67).

Sekundäre Eihüllen werden von den Follikelzellen gebildet. Hierher gehört z. B. die chitinige Eihülle der Insekten, die noch während der Eireifung entsteht. Das Sperma dringt durch einen ausgesparten Kanal, die Mikropyle, ein (Abb. 68). Auch sonst sind Mikropylen weitverbreitet (Abb. 67); schon bei Protozoen kommen sie, wie erwähnt, vor.

Tertiäre Eihüllen schließlich können nach der Befruchtung durch Drüsen der weiblichen Ausführungsgänge gebildet werden (Abb. 69). Besonders kompliziert sind in dieser Hinsicht die Eier der Vögel mit ihrer Kalkschale und dem Eiweiß gebaut. Das Ei im eigentlichen Sinne wird nur durch das Eigelb und die diesem aufliegende Keimscheibe repräsentiert (Abb. 70). Mitunter werden mehrere Eier gemeinsam von einer Hülle, dem Kokon, umgeben und abgelegt (manche Würmer, Schnecken, Insekten).

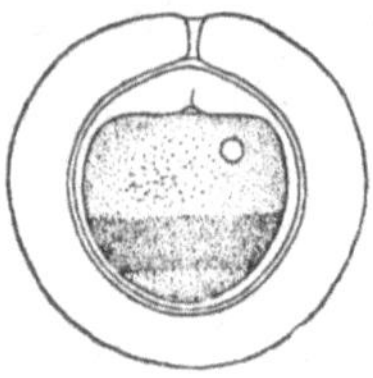

Abb. 67.

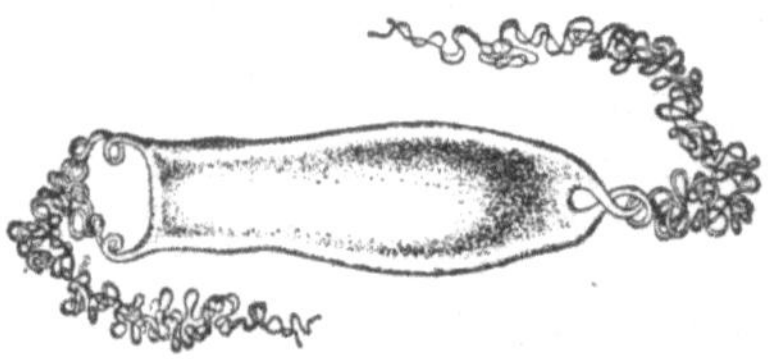

Abb. 69.

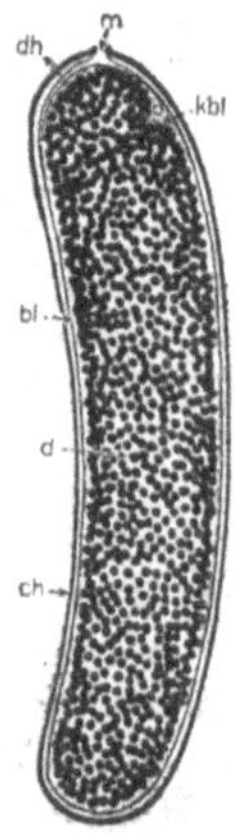

Abb. 68.

Abb. 67. Oozyte von *Paracentrotus lividus* (Seeigel) im Augenblick der Befruchtung. Befruchtungshügel und Spermium am animalen Pol. Die Oozyte hat einen Pigmentring (punktiert) und ist von einer Gallerthülle (Dottermembran) umgeben. Über dem animalen Pol eine Durchbohrung der Gallerthülle, die Mikropyle. Die Befruchtungsmembran ist abgehoben (innen). Nach Boveri (verändert).

Abb. 68. Schematischer Längsschnitt durch ein Insektenei (Biene). *ch* Chorion. *dh* Dotterhaut. *bl* Keimhautblastem. *kbl* Hof von dotterfreiem Zytoplasma mit dem Eikern; hier spielen sich die Reifungsteilungen ab. *m* Mikrophyle. Nach Ankel.

Abb. 69. Eikapsel eines Haies (*Scyllium*) mit den Befestigungsfäden, verkleinert. Nach Meisenheimer.

Die Gestalt der reifen Eier ist meist rundlich oder ellipsoid (Abb. 66, 67, 71), seltener langgestreckt oder bilateralsymmetrisch (Abb. 68). Infolge der großen Wachstumsperiode und der inäqualen Reifeteilungen gehören die Eier zu den größten bekannten Zellen: Die Maße sind z. B. bei *Rhabditis monohystera* (Nematode) 60 × 25 μ, bei *Sphaerechinus granularis* (Seeigel) etwa 85 μ, beim Menschen ca. 0.2 mm, bei Fröschen 1.5—3 mm und beim Strauß sogar 7.5 cm (ohne Eiweiß und Schale vgl. Abb. 70). Nur bei Hydrozoen und Schwämmen sind die Eier durch Pseudopodien beweglich, sonst unbeweglich. Der Dotter ist verschieden verteilt, entweder am vegetativen Pol gehäuft (telolezithale Eier, Abb. 70) oder gleichmäßig verteilt bzw. zentral gelagert (zentrolezithale Eier, Abb. 68, 71).

Dotterarme Eier (z. B. Säugetiere) heißen **oligolezithale** Eier. Außer dem Dotter werden in den Eiern öfter noch Pigmente abgelagert (Abb. 67). Beide haben eine bestimmte Anordnung. Vor allem besitzt auch das Plasma eine Feinstruktur, die entscheidend für den späteren Ablauf der Entwicklung ist.

γ) **Befruchtung** (vgl. stets Abb. 71). Die Vorgänge vom Eindringen des Spermas in das Ei bis kurz vor die Kernverschmelzung können als Besamung zusammengefaßt werden. Befruchtungsfähig, d. h. einer Kernverschmelzung fähig, ist erst das reife Ei. Die Besamung, das Eindringen des Spermiums, erfolgt aber zum Teil schon früher. So dringt bei *Urechis caupo*, einem anneliden Wurm, das Sperma schon in die Oozyte 1. Ordnung ein, und erst hierdurch werden die Reifeteilungen ausgelöst (Abb. 71). Bei dem Salzkrebschen *Artemia salina* und vielen Anneliden bleibt die Oozyte auf der Metaphase der ersten Reifeteilung stehen, bis ein Sperma eindringt.

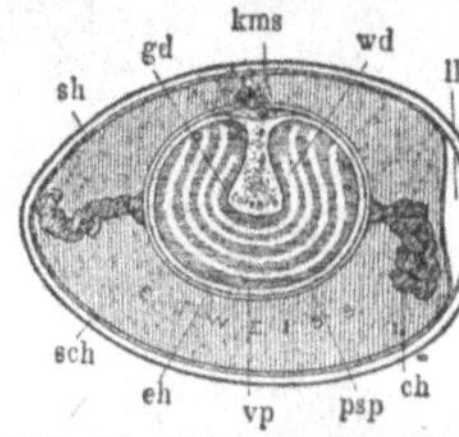

Abb. 70. Schematischer Längsschnitt durch ein Hühnerei. *sch* Schale. *eh* Eihaut. *vp* vegetativer Pol. *psp* perivitelliner Spalt. *ch* Chalaze. *lk* Luftkammer. *wd* weißer Dotter. *kms* Keimscheibe mit Eikern (animaler Pol). *gd* gelber Dotter. *sh* Schalenhaut. (Nach Corning.)

Bei den Geißelspermien wird der Schwanzfaden abgeworfen. In das Ei dringt vielfach nur der Kopf und das Mittelstück ein. Oft wölbt sich an der Durchtrittsstelle das Eiplasma vor (**Empfängnishügel**, Abb. 67). Der kompakte Kern des Spermas schwillt an zum sog. **männlichen Vorkern**, durch eine Strömung wird er dem Eikern, dem **weiblichen Vorkern**, zugeführt. Aus dem Mittelstück wird das Zentrosom frei, das sich teilt und an der Ausbildung der ersten Furchungsspindel teilnimmt. Das Zentrosom des Eies ist inaktiv geworden. Demnach ist das Zentrosom des Spermiums der Ahnherr aller weiteren Zentrosomen (sofern diese wirklich individualisierte Gebilde darstellen). Weiblicher und männlicher Vorkern verschmelzen zum **Synkaryon** (= Zygotenkern) und unmittelbar darauf beginnt die Entwicklung des neuen Individuums mit der ersten diploiden Furchungsteilung. Meist ist die Kernverschmel-

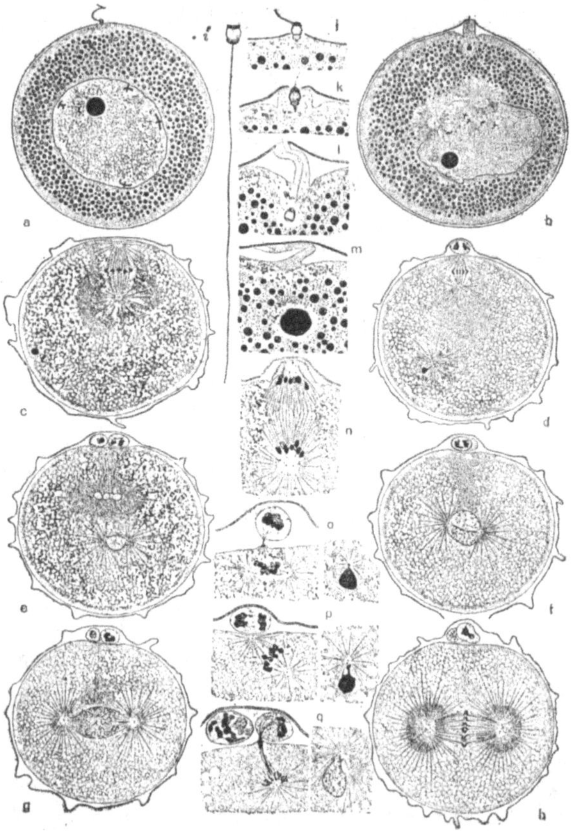

Abb. 71. Befruchtung und Reifungsteilungen des Eies von *Urechis caupo* (Annelide). *a* unmittelbar nach Besamung. *b* zirka 7 Min. nach Besamung; Beginn der ersten Reifungsteilung. Empfängnishügel. *c* zirka 30 Min. nach Besamung, Metaphase der ersten Rt. Spermakern liegt links unten. Befruchtungsmembran. *d*) zirka 45 Min. n. B. Metaphase II. Rt. losgelöstes Mittelstück des Spermas (= Zentrosom). *e* zirka 55 Min. n. B. Telophase II. Rt. Eikern wird soeben durch Verschmelzung von Teilkernen (deren jeder aus einem Chromosom entstanden ist gebildet. Spermazentrosom geteilt. *f* zirka 60 Min. n. B. Vereinigung der

zung gleich vollständig, selten, z. B. bei Copepoden, bleiben väterliche und mütterliche Chromosomen noch einige Furchungsteilungen getrennt (Gonomerie). Solche Fälle stellen einen Übergang zu den konjugierten Kernteilungen dar, wie sie oben bei *Amoeba diploidea* und Askomyzeten beschrieben wurden.

Im allgemeinen dringt nur ein Spermium in das Ei ein, das Eindringen weiterer Spermien wird durch eine Änderung der Eioberfläche nach Eintritt des ersten Spermas verhindert. Physiologisch normal ist das Eindringen mehrerer Spermien, die Polyspermie, nur bei einigen Insekten, Reptilien, Amphibien und Vögeln. Es kopuliert jedoch nur ein Spermakern mit dem Eikern, die überzähligen Spermien gehen zugrunde. Eine pathologische Polyspermie kann bei zu starker Konzentration der Spermien eintreten; sie führt durch Verschmelzung mehrerer Kerne stets zu Entwicklungsstörungen. —

Die Befruchtung kann nur in einem feuchten Medium stattfinden. Daher findet bei den Landtieren eine innere Befruchtung statt, durch welche die Spermien in das eiertragende Weibchen eingeführt werden (Begattung). Bei Wassertieren dagegen kann eine äußere Befruchtung stattfinden, indem Spermien und Eier in das Wasser abgegeben werden. Zwischen äußerer und innerer Befruchtung gibt es verschiedene Übergänge: bei den Seeigeln entlassen Männchen und Weibchen ± gleichzeitig ihre Keimzellen in das Meerwasser. Das Zusammentreffen von Ei und Sperma wird erleichtert, indem die Tiere meist in Gruppen zusammensitzen. Das spermaentlassende Männchen der Fische umschwimmt das laichende Weibchen (bei den lebendgebärenden Fischen findet schon eine innere Befruchtung statt). Die Männchen der Frösche umklammern das Weibchen und entlassen ihr Sperma so noch unmittelbarer auf das laichende Weibchen.

Vorkerne. *g* zirka 65 Min. n. B.; Karyogamie, Prophase der ersten Furchungsteilung. *h* zirka 70 Min. n. B. Anaphase der ersten Furchungsteilung. *i* reifes Spermium, Kern hell, Acrosom schlüsselförmig, Mittelstück kappenförmig. *j—m* Eindringen des Spermiums; Empfängnishügel. *j* sofort nach Besamung *k* 3, *l* 12, *m* 25 Min. n. B. *n* Anaphase der ersten Reifungsteilung 35 Min. *o* Telophase I. Rt.; daneben der Spermakern desselben Eies 38 Min. n. B. *p* späte Prophase II. Rt. daneben der Spermakern. 24 Min. n. B. *q* Telophase II. Rt. und Spermakern desselben Eies 50 Min. n. B. *a—h, r, s* ca. 395 fach. *i—m* 1200 fach. *n—q* ca. 865 fach vergrößert. Nach Schnittpräparaten (*a, b, c* mit Champy fixiert, daher ist der Dotter konserviert; in den anderen Eiern sind statt der Kügelchen Vakuolen vorhanden. *c—s* Bouin.) Nach Belar.

Bei den Molchen wird eine Spermatophore durch die Kloake des Weibchens eingeschluckt und das Ei erst nach der Besamung abgelegt. Bei rein innerer Befruchtung, z. B. bei den Säugetieren, muß das Sperma eine mehr oder weniger weite Strecke bis zum Orte des reifen Eies zurücklegen. Ob diese Wanderung aktiv erfolgt oder passiv, durch Uteruskontraktion und Tubenperistaltik, ist noch nicht geklärt; vielleicht kommt beides vor. Auf die zellphysiologischen Vorgänge bei der Metazoenbefruchtung soll im Abschnitt Physiologie eingegangen werden.

3. Unvollständige und fehlende Befruchtung.

(Ergänzungen S. 100).

a) Merogonie oder Androgenese ist die Besamung eines kernlosen Eies oder Eifragmentes mit normalem Sperma, dessen Kern und Zentrosom im Ei die Entwicklung auslösen. Merogonie ist nur experimentell erzielbar, bei Seeigeln durch Befruchtung kernloser Eifragmente, beim Seidenspinner nach Abtötung des Eikernes durch Radiumstrahlen.

b) Merospermie. Hierunter wird normale Besamung mit einem Spermium verstanden, dessen Kern jedoch nicht mit dem Eikern verschmilzt, sondern im Eiplasma zugrunde geht. Dagegen bleibt das Zentrosom des Spermiums funktionsfähig und der Eikern allein beginnt mit ihm eine Entwicklung. Das Eizentrosom ist, wie üblich, inaktiv geworden. Als natürliche Fortpflanzungsart ist dieser Vorgang nur von einigen Erdnematoden, z. B. *Rhabditis monohystera*, bekannt. Zur gleich zu schildernden Parthenogenese bestehen nahe Beziehungen, indem die Chromosomenreduktion im Ei ausbleibt. Experimentell läßt sich Merospermie bei Seeigeln und Amphibien nach Radiumbestrahlung des Spermas (Abtötung des Kernes) und durch Fremdbefruchtung bei Echinodermen erzielen. So werden normal haploide Seeigeleier durch Molluskensperma zwar besamt, die Kerne sind aber nicht kopulationsfähig, sondern nur der Seeigeleikern und das Molluskenzentrosom sind an der folgenden Entwicklung beteiligt.

c) Parthenogenese (Jungfernzeugung). Bei einer ganzen Reihe von Organismen können sich die Gameten auch ohne Befruchtung entwickeln, meist die Gameten eines unbefruchteten Weibchens. Dabei bleiben die Keimzellen des Weibchens entweder von vornherein unreduziert, so daß Mutter und Nachkommen die gleichen Chromosomensätze führen, oder aber die Keimzellen werden wie normal reduziert. Hierbei gibt es wieder zwei Möglichkeiten: entweder bleibt in der sich entwickelnden Tochter der reduzierte Chromosomensatz erhalten oder es findet auf verschiedenen Wegen Aufregulierung zum unreduzierten Chromosomensatz statt.

Nur kurz gestreift sei die künstliche, experimentelle Parthenogenese, weil sie als natürliche Fortpflanzungsart nicht in Betracht kommt. So lassen sich bei Seeigeln und Amphibien unbefruchtete, haploide Eier durch verschiedene Einwirkungen zu einer Entwicklung bis zum fertigen Individuum anregen. Selbst bei Säugetieren, Kaninchen, hat sich das neuerdings als möglich erwiesen![1])

Natürliche parthenogenetische Fortpflanzung kann bei einer Reihe von Organismen erfolgen, wenn zwar an sich befruchtungsfähige Keimzellen beider Geschlechter vorhanden sind, aber die Befruchtung aus irgendwelchen Gründen ausbleibt (fakultative Parthenogenese). Bei vielen isogamen Protozoen und Algen dürfte das der Fall sein, bekannte Fälle sind z. B. *Actinophrys* (Rhizopode), die Grünalgen *Cladophora* und *Spirogyra* sowie die Braunalge *Ectocarpus*. Und zwar findet dann nicht nur im weiblichen, sondern auch im männlichen Geschlecht Fortpflanzung statt (im letzten Falle richtiger als Ephebogenesis bezeichnet). Die Keimzellen sind natürlich haploid, es liegt also haploide Parthenogenese vor, jedoch findet oft nach der Fortpflanzung eine Aufregulierung zu diploiden Individuen statt.

Der zweite natürliche Typ ist die obligatorische Parthenogenese, d. h. der Ausfall der Befruchtung ist die Regel. Keine Reduktion erfolgt bei der Alge *Chara crinita*, dem Farn *Marsilia Drummondi* (Abb. 72) und einer ganzen Reihe von Metazoen, z. B. Nematoden, Rotatorien, Kladozeren, Ostrakoden, Blattläusen, Schmetterlingen. Aber auch Parthenogenese mit Reduktion kommt bei Metazoen vor. Diese ist allerdings insofern nicht eigentlich obligatorisch, als normal befruchtungsfähige Eier und

---

[1]) Pincus, 1940, Proc. nat. Ac. Sc. U.S.A. **26**, 163-165.

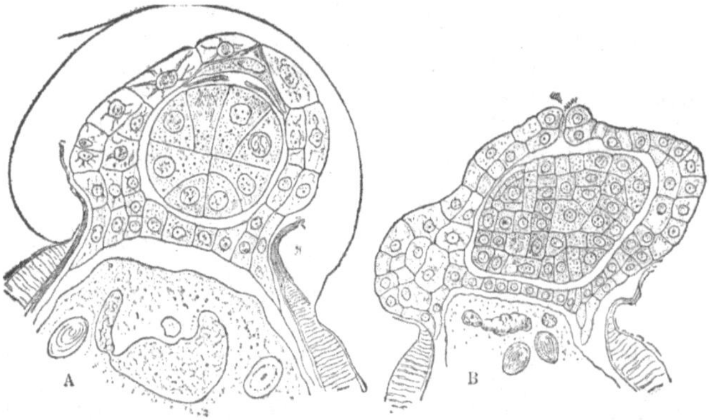

Abb. 72. *A Marsilia Drummondii* (Farn) Parthenogenetisch entstandene Keimanlage. *B Marsilia vestita.* Geschlechtlich erzeugte Keimanlage; im und am Archegoniumhals abgestorbene Spermatozoiden. In *A* ist die Kanalzelle erhalten, der Hals daher geschlossen, in *B* der Archegoniumhals mit Spermaresten offen. Nach Strasburger.

zur Befruchtung vorgesehene Spermien vorhanden sind. Findet die Befruchtung statt, entwickelt sich ein Weibchen, bleibt sie aus, entwickelt sich das normal reduzierte Ei parthenogenetisch zu einem reduziert bleibendem Männchen. So ist es bei den Bienen und Wespen, bei einigen Kokzidien, Milben und gewissen Rotatorien. Bei der Spermabildung dieser Männchen findet keine Reduktion statt, da sich ja nur homologe väterliche und mütterliche Chromosomen paaren können.

Unter den parthenogenetischen Metazoen gibt es eine Reihe, bei denen Männchen überhaupt nicht auftreten, so daß die Parthenogenese die einzige Fortpflanzungsart ist, z. B. bei einer Reihe Rotatorien, Nematoden, Kladozeren und Ostrakoden sowie bei bestimmten Rassen von Asseln und Schmetterlingen und des Salzkrebschens *Artemia.* (Andere Rassen dieser Formen haben Männchen und Weibchen mit befruchtungsbedürftigen Eiern.) Oft aber wechselt die Fortpflanzungsart, indem die eine Generation sich parthenogenetisch, die andere durch normale Befruchtung sich vermehrt (s. Generationswechsel, Heterogonie).

Mit Ausnahme der parthenogenetisch entstehenden Männchen der Bienen usw. mit reduziertem Chromosomensatz weisen die parthenogenetisch sich fortpflanzenden Metazoen den unreduzierten Chromosomenbestand auf. Zytologisch finden sich alle Möglichkeiten vertreten, ein unreduziertes Ei zu bilden, oder sofern doch Reduktion stattgefunden hat, den unreduzierten Zustand wieder herzustellen[1]).

Bei dem Schmetterling *Solenobia triquetrella*, der bisexuelle und rein parthenogenetische Rassen hat, findet in den parthenogenetischen Rassen noch eine vollkommene Chromosomenreduktion statt, aber die beiden ersten Furchungskerne verschmelzen miteinander zu einem nichtreduzierten Kern, von dem dann die weitere Entwicklung ausgeht. Ebenfalls völlige Reduktion erfolgt bei der Homoptere *Lecanium hesperidum*. Hier verschmilzt aber der weibliche Vorkern mit dem zweiten Polkern zu einem Kern (der Richtungskörper wird nicht abgeschnürt). In anderen Fällen findet noch eine mehr oder weniger weitgehende Paarung der Chromosomen statt, aber die Partner fallen wieder auseinander, so daß keine Reduktion erfolgt. Es können entweder noch zwei Reifungsteilungen (z. B. bei der Stabheuschrecke *Carausius morosus*) oder nur eine stattfinden (z. B. bei einigen Kladozeren und der Blattlaus *Aphis palmae*). Bei anderen Kladozeren, bei Rotatorien und einer Rasse der Assel *Trichoniscus provisorius* erfolgt auch kein Ansatz zur Chromosomenpaarung mehr, sondern es läuft nur eine mitotische Teilung unter Bildung eines Richtungskörpers ab. Am weitesten geht die Rückbildung anscheinend bei der Gallwespe *Neuroterus lenticularis*[2]). Ein Richtungskörper wird nicht mehr abgeschnürt, sondern als Rest der Reifungsteilung erfolgt eine gewöhnliche mitotische Teilung zu zweikernigen Eiern. Diese Eier, die sich zu unreduzierten Weibchen entwickeln, sollen die Entwicklung sogar mit den beiden Kernen beginnen; doch ist noch nicht widerlegt, daß der eine von ihnen als Polkern vielleicht zugrunde geht. (Außerdem werden normal reduzierte Eier gebildet, die sich zu reduziert bleibenden Männchen entwickeln.)

[1]) Ankel, Zeitschr. ind. Abst. Vererbungsl. **45**, 1927, S. 232—278 und **52**, 1929, S. 318—370.
[2]) Dodds, 1939. Genetica **21**, S. 177—190.

Je nachdem die parthenogenetisch entstandenen Individuen den unreduzierten oder reduzierten Chromosomensatz führten, sprach man bisher von diploider oder haploider Parthenogenese, weil man annahm, daß die Individuen diploid oder haploid seien. Diese Voraussetzung trifft jedoch keineswegs immer zu. Gerade bei parthenogenetischen Metazoen führen die Individuen oft mehr als einen oder zwei Chromosomensätze, sie sind also, wie der Fachausdruck lautet, polyploid. So ist z. B. die Stabheuschrecke *Carausius furcillatus* triploid. Das Salzkrebschen *Artemia salina* ist tetraploid. (Die bisexuellen Rassen dieser Art sind normal diploid.) Bei dem Schmetterling *Solenobia triquetrella* gibt es sogar zwei verschiedene parthenogenetische Rassen, die eine ist diploid, die andere tetraploid[1]). Bei beiden findet, wie schon beschrieben, Reduktion mit späterer Aufregulierung statt. Aus diesen Gründen ist es zweckmäßig, zwischen gamophasiger und zygophasiger Parthenogenese zu unterscheiden, gamophasig, wenn die Phase einer reduzierten Gamete, zygophasig, wenn die Phase beibehalten wird, welche einer ja stets nicht reduzierten normalen Zygote entsprechen würde. Das schließt, wie wir sahen, nicht aus, daß auch bei zygophasiger Parthenogenese die Gamete selbst reduziert ist, später jedoch Aufregulierung erfolgt. (Die früher ebenfalls gebrauchten Begriffe generative und somatische Parthenogenese sind unzweckmäßig.)

Nach der vorstehenden Schilderung braucht kaum mehr betont zu werden, daß merosperme und parthenogenetische Fortpflanzung von normaler Befruchtung abgeleitet sind.

E. Kernphasen- und Generationswechsel.

1. Primärer Generationswechsel.

a) Heterophasischer Generationswechsel.

Mit jeder Befruchtung ist der Übergang aus der Haplophase in die Diplophase verbunden und auf jede Befruchtung erfolgt früher oder später der Übergang der Diplophase in die Haplophase. Diese Erscheinung wird Kernphasenwechsel genannt.

Bei einer Reihe von Organismen ist, wie wir sahen, nur

[1]) Seiler 1938, Revue suisse de Zool. **45**, 405—412; 1943, Arch. Jul. Klaus, Stiftung **18**, 691—699.

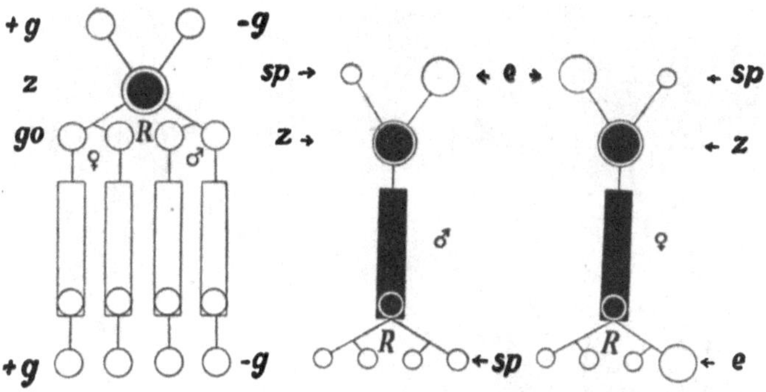

Abb. 73. Schema des Kernphasenwechsels bei Haplonten (links) und Diplonten (rechts). In dem Schema bedeutet schwarz ausgefüllt die diploide Phase, weiß die haploide Phase. Einzelne Zellen sind als Kreise, als richtige Generationen oder Individuen auftretende Entwicklungsstadien durch langgestreckte Rechtecke gekennzeichnet. + *g* — *g* = weibliche und männliche Gameten, *go* Gonen (Zoosporen) *z* Zygote, *R* Ort der Reduktion, *e* Eizelle, *sp* Samenzellen. Nach Hartmann

eine einzige Zelle diploid, die Zygote. Das ganze vegetative Leben spielt sich in der Haplophase ab: Haplonten mit zygotischer Reduktion, z. B. alle Chlamydomonaden. Bei andern ist nur eine einzige Zelle haploid, die Gamete, das vegetative Leben spielt sich in der Diplophase ab: Diplonten mit gametischer Reduktion, z. B. alle Metazoen, abgesehen von den geschilderten Ausnahmen (experimentelle und physiologische gamophasige Parthenogenese). Schematisch sind diese Verhältnisse in den Abb. 73—75 wiedergegeben.

Bei einer dritten Gruppe von Organismen spielt sich, wie ebenfalls schon kurz geschildert, das vegetative Leben sowohl in der Haplophase als auch der Diplophase ab: Haplodiplonten mit intermediärer Reduktion. In diesen Fällen liegt stets zugleich ein *Generationswechsel* vor (vgl. Abb. 77). Die *haploide Generation bildet Gameten und heißt daher Gametophyt, die diploide Generation bildet Sporen (= Agameten) und heißt Sporophyt. Bei der Sporenbildung erfolgt die Reduktion.* Es wechseln also zwei Generationen miteinander ab, von denen sich die eine geschlecht-

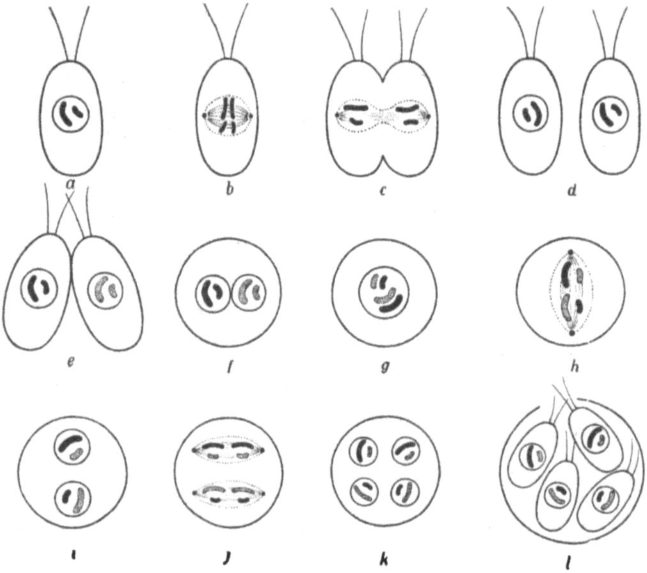

Abb. 74. Zytologisches Schema der Entwicklung und des Kernphasenwechsels von Haplonten (*Chlamydomonas*, Flagellat). *a—d* agame Vermehrung der haploiden vegetativen Individuen, 2 Chromosomen (Zahl willkürlich!) = 1 Satz *e—g* Befruchtung, Kopulation zweier haploider Isogameten und Bildung der diploiden Zygote (*g*) mit 4 Chromosomen (2 Sätze). *h—k* Reduktionsteilungen (s. Anm. Abb. 75), Bildung von 4 haploiden Kernen. Sofortiger Übergang zur Haplophase. *l* Keimung der 4 haploiden Zoosporen oder Gonen. Nach Hartmann.

lich, die andere ungeschlechtlich fortpflanzt. Unter **Generationswechsel** versteht man ganz allgemein jeden Wechsel zwischen einer geschlechtlichen und (wenigstens) einer ungeschlechtlichen Generation. Vor allem gehört also zum Generationswechsel 1. eine Generation, d. i. meist ein Individuum, das sich fortpflanzt. Mitunter kann dieses zwar auf einen unbedeutenden Entwicklungsabschnitt rückgebildet sein, z. B. bei den Blütenpflanzen (S. 9<ff.), aber dennoch geht dieser Entwicklungsabschnitt voraus, ehe es zur Bildung neuer Keimzellen kommt. 2. gehören zum Genera-

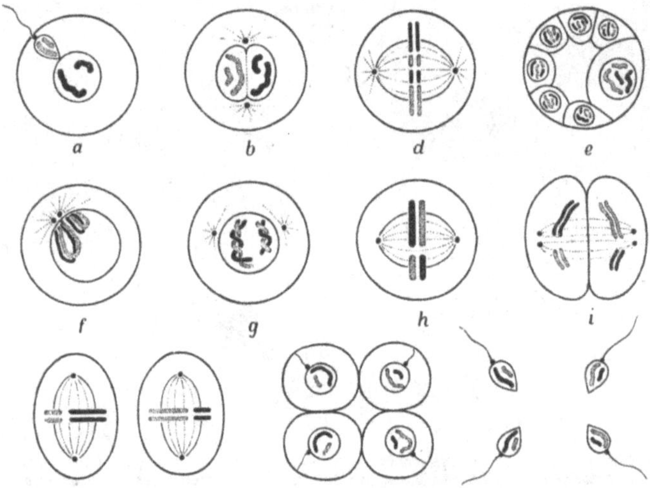

Abb. 75. chemaS der Entwicklung und des Kernphasenwechsels eines Diplonten (männliches Metazoon mit haploid 2 Chromosomen). *a, b* Befruchtung. Kopulation der haploiden Eizelle mit der haploiden Samenzelle (Kern). *d, e* Das diploide befruchtete Ei mit 4 Chromosomen (2 Sätze) teilt sich in viele diploide Zellen, die den tierischen diploiden Organismus aufbauen (große Zelle rechts = Keimbahnzelle). *f—k* die beiden Reifeteilungen (Übergang zur Haplophase), *l, m* Bildung der Samenzellen.

Anm.: Wiedergabe der Reifeteilungen in Abb. 74 u. 75 grob schematisch ohne Berücksichtigung von Austauschvorgängen; vgl. Abb. 37.

tionswechsel wenigstens zwei Sorten von Generationen, die sich verschieden fortpflanzen. Reine Haplonten und Diplonten haben daher nur einen Kernphasenwechsel, aber keinen Generationswechsel. Denn die einzige diploide oder haploide Zelle ist ja nicht fortpflanzungsfähig, sie ist keine selbständige Generation.

Bei den Haplodiplonten findet die verschiedene Art der Fortpflanzung in den beiden verschiedenen Kernphasen statt. Dieser Generationswechsel wurde bisher allgemein als antithetischer Generationswechsel bezeichnet. Aus später ersichtlichen Gründen sei hier in Anlehnung an einen Vorschlag M. Hartmanns die Bezeichnung: heterophasischer Generations-

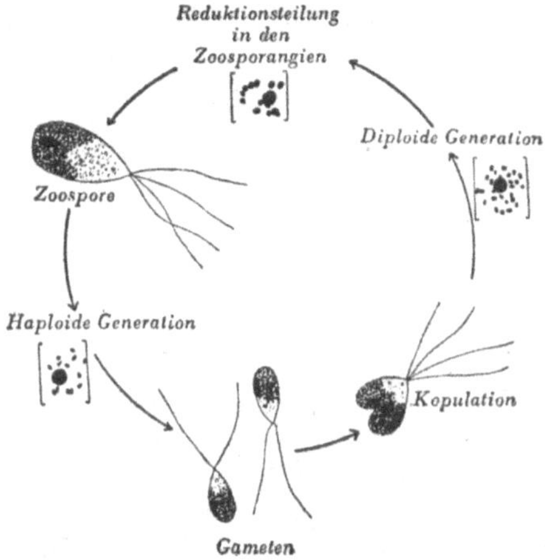

Abb. 76. Schema des heterophasischen Generationswechsels von *Ulva lactuca* Kopulation zweigeißeliger Gameten. Aus der Zygote wächst ein diploider Sporophyt aus. Er bildet unter Reduktion viergeißelige Zoosporen. Aus diesen keimt die haploide, gametenbildende Generation aus. Nach Føyn-Hartmann.

wechsel eingeführt. Er findet sich bei Vertretern aller Algengruppen, bei vielen Pilzen (Zygomyzeten, Askomyzeten, Uredineen, Basidiomyzeten), ferner bei den Moosen, Farnen und Pteridophyten sowie den Blütenpflanzen. Von tierischen Organismen haben nach neuen Untersuchungen die Foraminiferen heterophasischen Generationswechsel. Wir beginnen mit den Pflanzen.

Bei den Grünalgen *Cladophora*, *Ulva* und *Enteromorpha* bildet der diploide Sporophyt unter Reduktion viergeißelige Zoosporen aus, aus denen der Gametophyt mit zweigeißeligen Gameten auswächst (Abb. 76); sonst zeigen Gametophyt und Sporophyt keinen Unterschied in der Ausbildungshöhe (vgl. Abb. 77). Dagegen ist bei der nahverwandten Art *Monostroma Wittrockii* der Sporophyt nur von mikroskopischer Größe[1]). Die Braunalge *Dictyota* weist ebenfalls gleiche morphologische Ausbildung von Sporophyt und Gametophyt auf (Abb. 77).

[1]) Moewus, 1938, Archiv f. Protistenkde. **91**, 357—441.

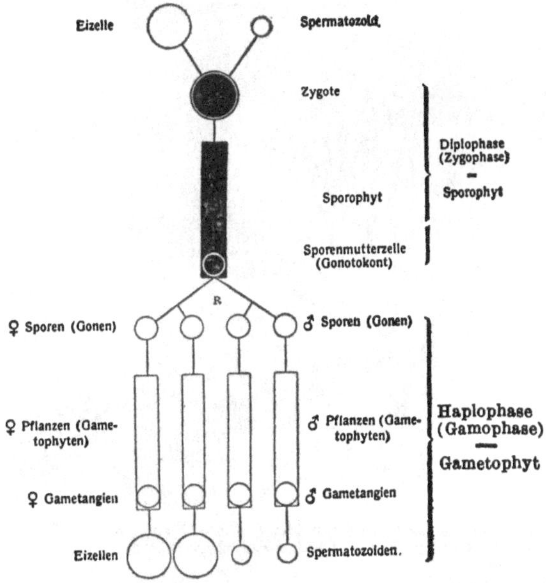

Abb. 77. Schematische Darstellung des heterophasischen Generationswechsels einer Alge mit gleicher Ausbildung von Sporophyt und Gametophyt, z. B. der oogamen Braunalge *Dictyota*. Andere Formen wie *Ulva*, Abb. 76, sind isogam. Nach Hartmann.

Der Sporophyt bildet aus einer noch diploiden Mutterzelle unter Reduktion vier unbewegliche Agameten (Tetrasporen genannt), die Gametophyten entwickeln entweder Eier oder Spermien (Abb. 26 S. 32 und 43d S. 51). Bei der verwandten Braunalge *Cutleria* (Abb. 78) ist dagegen wieder der Sporophyt sehr klein und auch morphologisch vom großen Gametophyten mit anisogamen Gameten (Abb. 43c S. 51) so verschieden, daß er früher für eine besondere Art *(Aglaozonia)* gehalten wurde. Bei *Laminaria*, wieder einer Braunalge, ist im Gegensatz hierzu gerade der Gametophyt winzig klein und der Sporophyt riesig groß. Diese Beispiele zeigen, daß bei den

Abb. 78. *Cutleria multifida* (Braunalge). *a* erwachsener Gametophyt. *b* älterer Sporophyt (sogen. *Aglaozonia*-Stadium). Nach Oltmanns.

Algen die verschiedene oder gleiche Ausbildung von Sporophyt und Gametophyt nicht phylogenetisch bedingt ist.

Bei getrenntgeschlechtlichen Arten sind also drei Sorten von Pflanzen vorhanden: der Sporophyt, der weibliche Gametophyt, der männliche Gametophyt. Bei anisogamen oder oogamen Arten sind die Gametophyten schon an ihren verschiedenen Gameten auch äußerlich unterscheidbar. Bei gemischtgeschlechtlichen Arten ist natürlich nur eine Sorte von Gametophyten vorhanden, die sowohl männliche wie weibliche Gameten bilden.

Der etwas kompliziertere Generationswechsel einiger Rotalgen soll erst unten an einem Beispiel geschildert werden. Unter den Pilzen sei ein Basidiomyzet und ein höherer Askomyzet beschrieben. Bei den Basidiomyzeten (Hutpilzen, Abb. 79) besteht der Gametophyt aus haploiden Myzelfäden. Die Befruchtung

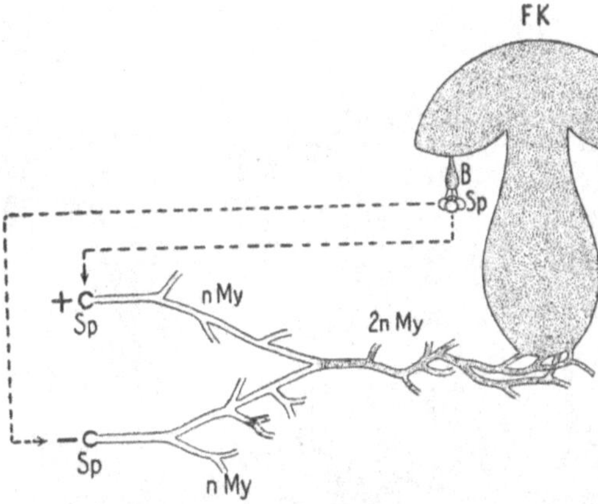

Abb. 79. Schema des Entwicklungszyklus (Generationswechsels) eines Basidiomyzeten. Haplophase einfach konturiert, diploide (Zweikernphase) punktiert. *Sp* Spore. *nMy* Haploides (Einkern-)Myzel. *2nMy* Diploides (Zweikern-)Myzel, entstanden durch Somatogamie zweier haploider Hyphen. *FK* Fruchtkörper. *B* Basidie. Nach Belar.

und damit der Beginn des Sporophyten findet durch Somatogamie statt (S. 62). Der diploide Sporophyt wächst zunächst noch mit diploiden oder Paarkernhyphen weiter, aus denen sich ein Fruchtkörper, der Hut, entwickelt, an dem dann unter Reduktion die Agameten (Basidiosporen) entstehen. Aus den Basidiosporen keimt wieder der Gametophyt aus. Der Sporophyt ist also stärker entwickelt. Auch die höheren Askomyzeten bilden einen Fruchtkörper, der aber aus gametophytischen und sporophytischen Myzelfäden besteht (Abb. 80). Die gametophytischen Myzelfäden bilden Askogone und Antheridien. Nach der Gametangienbefruchtung (S. 60) wachsen als Sporophyt die diploiden askogenen Hyphen aus, die unter Reduktion haploide Askosporen (= Agameten) bilden. Aus diesen entsteht das gametophytische Myzel, das im Gegensatz zu den Hutpilzen stärker entwickelt ist.

Von den Moosen ab bis zu den Blütenpflanzen besteht eine strenge phylogenetische Abhängigkeit des Generationswechsels, indem der Gametophyt immer mehr reduziert wird. Bei den

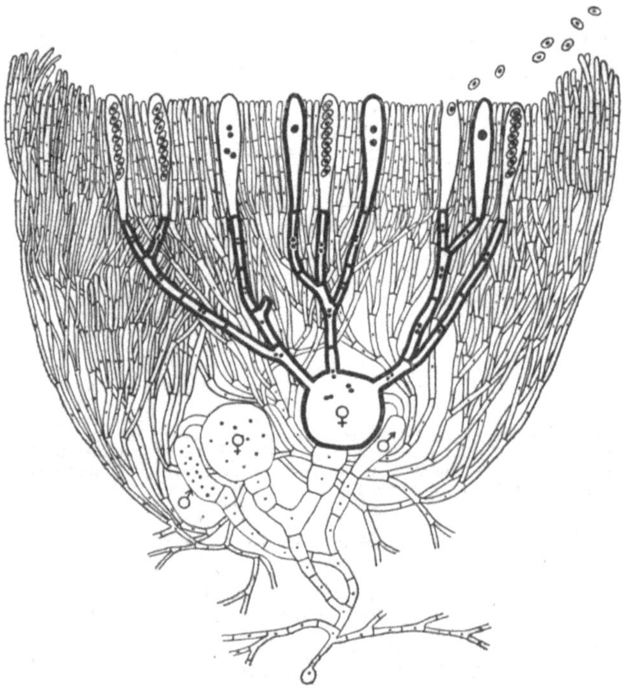

Abb. 80. Schematische Darstellung eines Askomyzetenfruchtkörpers. Haploide Phase (Gametophyt) mit dünnen, diploide Phase (Sporophyt) mit dicken Linien gezeichnet. Oben freie Askosporen, aus denen sich der Gametophyt entwickelt (unten). Nach Harder aus Bonner Lehrbuch.

Moosen (Abb. 81, 82) entwickelt sich aus den haploiden Sporen der Gametophyt zunächst als Protonema, aus dem die beblätterte „Moospflanze" entsteht. Diese bildet Archegonien und Antheridien aus. Nach der Befruchtung entsteht der diploide Sporophyt, der sich nur quasi parasitisch auf der Moospflanze entwickeln kann. Er bildet die bekannten Kapseln aus, in denen die Reduktionsteilung und Sporenbildung erfolgt.

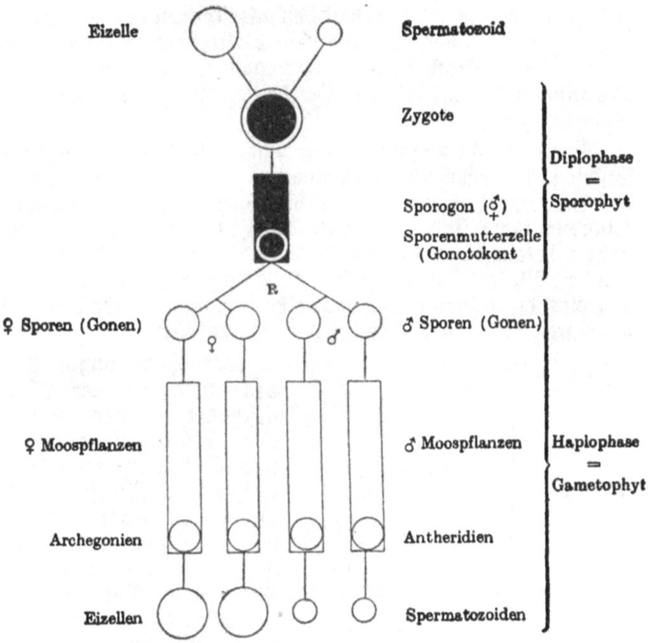

Abb. 81. Schematische Darstellung des Kernphasen- und Generationswechsels eines getrenntgeschlechtlichen Mooses. Nach Hartmann.

Bei den Farnen ist der Gametophyt bereits stark rückgebildet. Er besteht nur aus dem kleinen Prothallium (Abb. 83), während die eigentliche große, hochdifferenzierte Farnpflanze aus dem Sporophyten besteht. Die kleinen braunen Gebilde (meist) auf der Unterseite der Blätter sind die Sporangien. Die sporentragenden Blätter heißen Sporophylle. Als Beispiel ist in dem Schema Abb. 84 nicht ein Farn mit einer Sorte Sporen gewählt (isospore Farne), sondern ein heterosporer Farn, deren Sporophyten zwei Sorten von Sporen ausbilden: große Makrosporen und kleine Mikrosporen (Abb. 85). Bei der Makrosporenbildung macht die diploide Mutterzelle zwar auch zwei Reifeteilungen durch, von den vier Gonen ist aber, wie so oft, nur eine lebensfähig. Aus den Makrosporen entwickeln sich die weiblichen Prothallien mit Archegonien und Eiern, aus den Mikrosporen die männlichen Prothallien mit Antheridien und Spermatozoen.

Moose und Farne sind zur Befruchtung wegen der Empfindlichkeit ihrer begeißelten Spermien (s. S. 67 f.) auf Benetzung des Gametophyten angewiesen, die Farne mit ihrer reichlichen Sporenbildung sind aber durch die Organisation der Sporophyten bereits besser an das Landleben angepaßt als die Moose. Bei den Blütenpflanzen ist die Anpassung noch weiter gegangen, die Befruchtung findet nach Übertragung des Pollens auf die Narbe im Innern des Sporophyten statt.

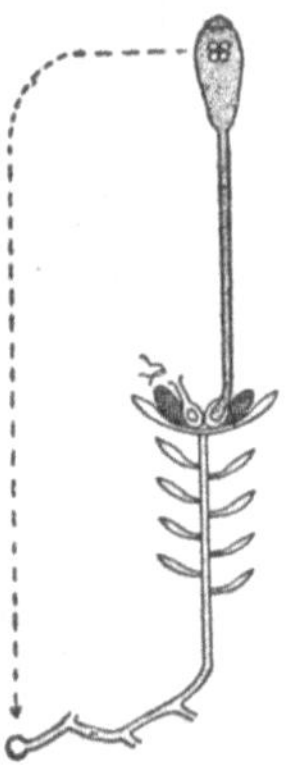

Abb. 82.

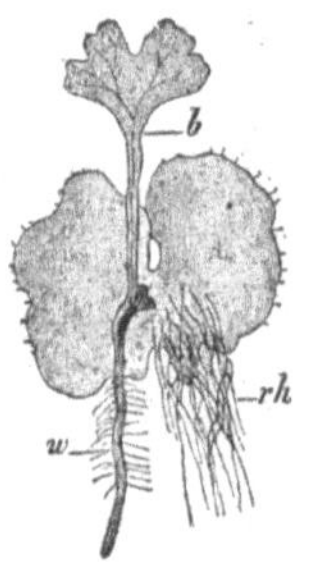

Abb. 83.

Abb. 82. Schema des Entwicklungsganges eines Mooses. Haploides Gewebe einfach konturiert, diploides Gewebe punktiert. Nach von Wettstein.

Abb. 83. *Dryopteris (Aspidium) filix mas.* Prothallium mit jungen, aus einer befruchteten Eizelle entstandenem Farnpflänzchen, *b* sein erstes Blatt, *w* Wurzel, *rh* Rhizoide des Prothalliums. Vergr. zirka 5 fach. Nach Schenck, aus Bonner Lehrbuch.

Der Gametophyt Bedecktsamer, die hier allein geschildert werden können, ist auf das äußerste reduziert und führt gerade umgekehrt wie bei den Moosen quasi nur ein parasitäres Dasein auf dem Sporophyten. Die Pflanze selbst ist der diploide Sporophyt. Wie bei den heterosporen Farnen entstehen auf ihr Mikro- und Makrosporophylle, und zwar entweder auf derselben oder verschiedenen Pflanzen.

Die M i k r o s p o r o p h y l l e sind als S t a u b b l ä t t e r entwickelt. Sie bestehen aus dem S t a u b f a d e n mit dem Staubbeutel, der A n t h e r e, am vorderen Ende. Diese enthält die beiden T h e c a e mit je zwei P o l l e n s ä c k e n, in denen die

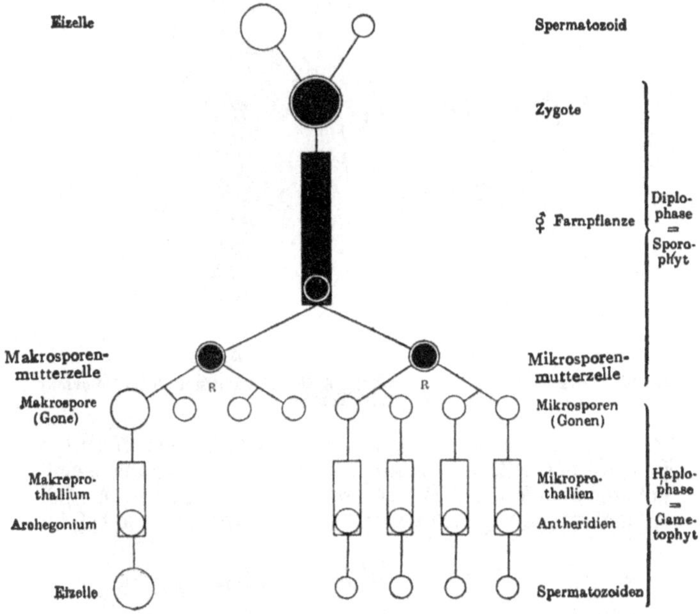

Abb. 84. Schematische Darstellung des Kernphasen- und Generationswechsels eines heterosporen Farnes, z. B. *Salvinia*. Nach Hartmann.

Pollenkörner, die Mikrosporen entstehen. Die Gesamtheit der Staubblätter in einer Blüte heißt Andrözeum. Den Mikrosporangien entsprechen die Pollensäcke. Die in diesen befindlichen noch diploiden Pollenmutterzellen teilen sich in zwei Reifeteilungen zu je vier Mikrosporen, den Pollenkörnern, welche in der Regel von zwei Hüllen, der Exine und Intine umgeben werden (Abb. 86). Die Größe der meist ± rundlichen Pollenkörner schwankt von 20—150 μ, bei dem Seegras *Zostera*, dessen langgestreckter Pollen im Wasser entlassen wird, sind sie 2 mm groß. Die Pollenkörner sind nicht etwa wie die Spermien bei den Metazoen bereits die Geschlechtszellen, sondern in ihnen entwickelt sich der Gametophyt, was auch ähn-

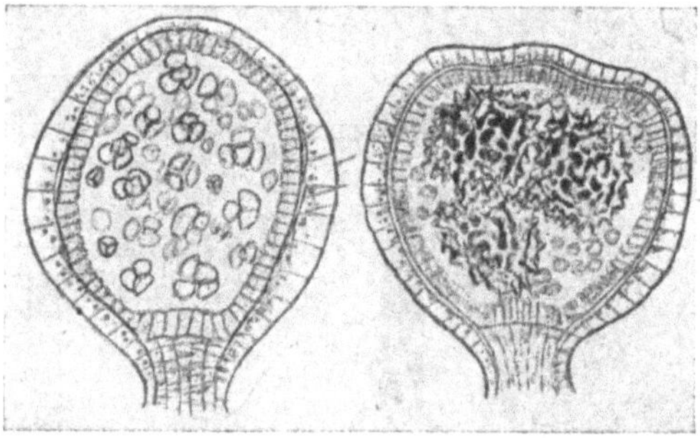

A B

Abb. 85. *Selaginella* (heterosporer Farn). *A* Mikrosporangium, *B* Makrosporangium. Nach Sachs.

lich schon bei einigen Farnen vorkommt. Der haploide Kern der Pollenkörner teilt sich nämlich, wodurch der vegetative sogen. Pollenschlauchkern und die generative Zelle, entstehen, die sich nochmals zu zwei Zellen oder Kernen teilt (Abb. 86), so daß im

Abb. 86. Reifungsteilungen und Entwicklung des ♂ Gametophyten einer Angiosperme; halbschematisch. Obere Reihe: Pollenmutterzelle, welche die beiden Reifungsteilungen erfährt; von den vier resultierenden, noch unfertigen Pollenkörnern bzw. -zellen sind infolge ihrer tetraedrischen Anordnung nur drei in der Bildebene sichtbar. Untere Reihe: Bildung des ♂ Gametophyten in einem (herangewachsenen) Pollenkorn; *t* vegetative Zelle mit Pollenschlauchkern; *g* generative Zelle, welche die beiden Gameten liefert; *i* und *e* innere und äußere Schicht der Pollenkornmembran („Intine" und „Exine"); *p* Keimpore. — NB. Die generative Zelle ist in Wirklichkeit während der Gametenteilung von der Pollenkornwand abgelöst und liegt im Innern des Plasmas. Nach Sharp.

ganzen 3 haploide Kerne gebildet werden. Ein eigentliches Antheridium wird also nicht mehr gebildet, sondern dieses ist auf die beiden generativen Zellen reduziert.

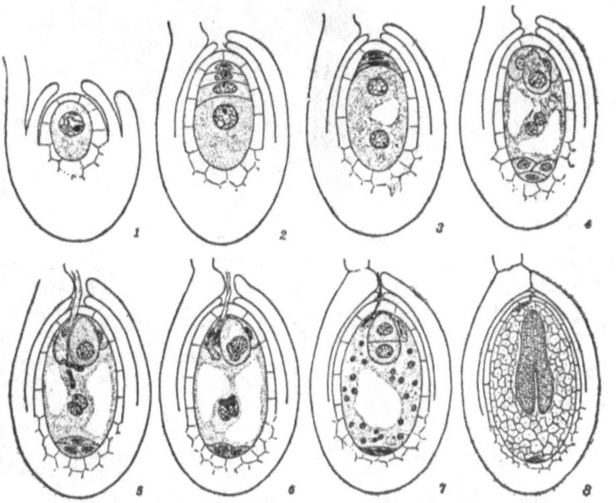

Abb. 87. Entstehung des Embryosacks nach dem Normaltypus und Befruchtung einer Angiosperme, halbschematisch. 1 Makrosporenmutterzelle, welche die beiden Reifungsteilungen erfährt. 2 die vier Gonen (Makrosporen). 3 drei von ihnen gehen zugrunde, der haploide Embryosackmutterkern hat sich bereits einmal geteilt (= Beginn der Gametophytenbildung). 4 fertiggestellter, achtkerniger Embryosack: oben Eizelle mit zwei Synergiden, in der Mitte die beiden Polkerne, unten die drei Antipoden. 5—6 Befruchtung: 5 die beiden Spermakerne des Pollenschlauches in das Embryosackplasma entleert; 6 der eine verschmilzt mit dem Eikern, der andere mit den Polkernen. 7 zweizelliger Embryo, Endospermbildung. 8 reifer Same: der Embryo eingebettet in das Endosperm. Die eine Synergide geht beim Eindringen des Pollenschlauches zugrunde (5, 6), die andere folgt später (7). Die drei Antipoden gehen ebenfalls zugrunde (6—8). Nach Sharp.

Den Makrosporophyllen entsprechen die Fruchtblätter. Ihre Gesamtheit wird Gynäzeum genannt. Sie bilden Fruchtknoten, Griffel und Narbe. Im Fruchtknoten sind die Samenanlagen mit dem Nuzellus enthalten, der, wie die weitere Entwicklung zeigt, das Makrosporangium ist. Denn die im Nuzellus enthaltenen noch diploiden Makro-

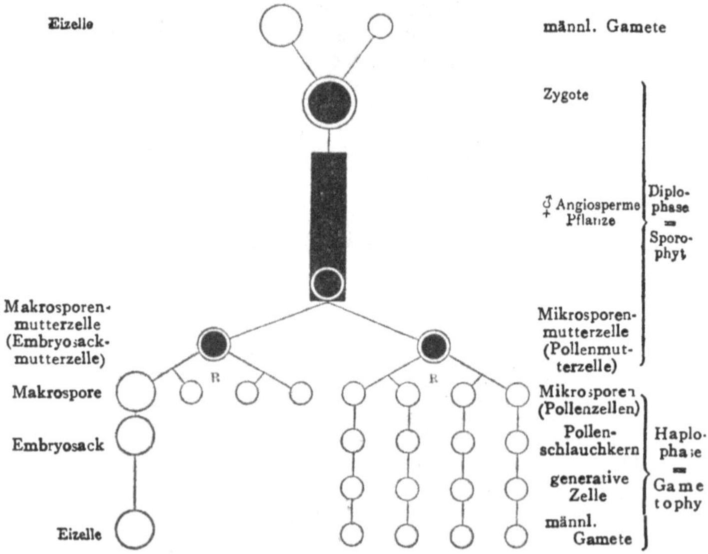

Abb. 88. Schematische Darstellung des Kernphasen- und Generationswechsels einer zwittrigen angiospermen Pflanze, z. B. *Polygonum*. Nach Hartmann. Schema des ♂ Gametophyten nicht ganz zweckmäßig, z. Zt. nicht zu ändern.)

sporenmutterzellen machen die beiden Reifeteilungen zu den Makrosporen durch (Abb. 87). Dabei gehen drei kleine abortive Gonen zugrunde, so daß nur eine haploide Makrospore übrigbleibt, aus der sich der Embryosack entwickelt. Der Kern der Makrospore teilt sich nämlich zu 8 Kernen, anschließend folgt ± simultane Plasmateilung mit Zellabgrenzung. Der so entstandene haploide Inhalt des Embryosackes ist einem weiblichen gametophytischen Prothallium gleichzusetzen, dessen Archegon bis auf die Eizelle reduziert ist. Von diesen Zellen liegen zwei „Synergiden" (unbekannter Funktion) und die einzige Eizelle am Vorderende, am Hinterende liegen die drei „Antipoden", die wahrscheinlich der letzte Rest des vegetativen Prothalliumgewebes sind (z. T. mit Drüsenfunktion und der Ernährung des Embryosackes dienend). In der Mitte liegen die zwei sogenannten Polkerne (die natürlich nichts mit den Polkernen im Ei einiger Metazoen zu tun haben). Diese beiden Kerne verschmelzen zu dem diploiden primären Endospermkern. In Abb. 88 ist der geschilderte Generationswechsel schematisch wiedergegeben. Andrözeum und Gynäzeum sind von Hüllblättern (Kelch und Krone), die oft Schauapparate sind, umgeben. Das Ganze mit dem Blütenboden ist die Blüte (Abb. 89).

Ein direkter Zutritt des Pollens (Blütenstaub) in den Embryosack ist nicht möglich, vielmehr wird er durch Wind oder Insekten (Wind- und Insektenblütler), mitunter auch durch Vögel, bei untergetauchten Wasserpflanzen (z. B. dem Seegras *Zostera*) durch das Wasser auf die Narbe einer Blüte gebracht: es erfolgt eine Bestäubung. Verhältnismäßig selten erfolgt Selbstbestäubung, wobei die Narben mit dem Pollen derselben Blüte in direkte Berührung kommen. Zwischen Bestäubung und eigentlicher Befruchtung vergeht sehr verschieden lange Zeit: 1 Stunde bis 1 Jahr (Eichen). Das Pollenkorn treibt aus der Keimpore (Abb. 86 rechts unten *p*) durch das Griffelgewebe einen Schlauch (Pollenkeimung), wobei sich der Pollenschlauchkern an der Spitze befindet. Beim Eindringen in den Embryosack geht er zugrunde, ebenso die eine Synergide des Embryosackes, die andere folgt später (Abb. 87). Nur die beiden generativen Kerne sowie mitunter etwas Plasma gelangen in den Embryosack. Der eine generative Kern verschmilzt mit dem Eikern, ist also die männliche Gamete; aus diesem Befruchtungsprodukt entwickelt sich der diploide Embryo (Sporophyt). Der zweite generative Kern verschmilzt mit dem diploiden primären Endospermkern, so daß ein Kern mit drei haploiden Chromosomen-

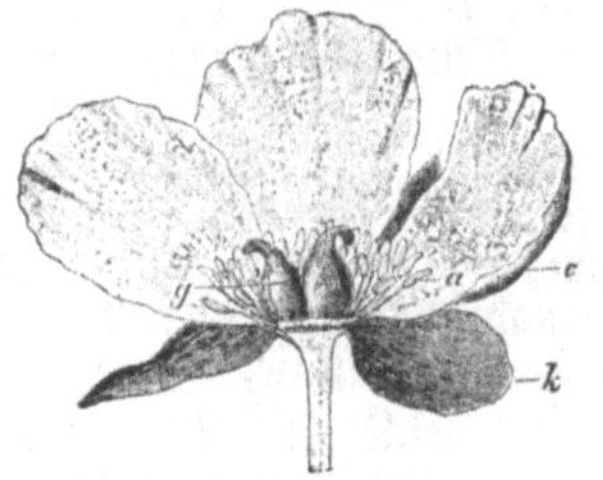

Abb. 89. Blüte von *Paeonia peregrina*. *k* Kelch, *c* Krone, *a* Staubblätter *g* Fruchtblätter. Die vorderen Kelchblätter, Kronblätter und Staubblätter wurden entfernt, um die beiden, zwei getrennte Stempel bildenden Fruchtblätter zu zeigen. 1/3 natürlicher Größe. Nach Schenck.

sätzen, der triploide Endospermkern, resultiert (Abb. 87, 6). Es findet also im Gegensatz zu allen anderen Organismen eine doppelte Befruchtung statt. Das entstehende triploide Endosperm ist aber nicht am Aufbau der neuen Pflanze direkt beteiligt, sondern dient nur zur Ernährung des diploiden Embryos (Abb. 87, 8). Endosperm mit Embryo sowie Nucellus und Integumenten, welche die Samenschale bilden, stellen den Samen dar, der seinerseits in eine Frucht (vom Fruchtknoten gebildet) oder Scheinfrucht eingehüllt wird.

Im Vorstehenden wurde nur der sogenannte Normaltyp des Generationswechsels der Bedecktsamer geschildert. Schon bei diesen gibt es aber eine Reihe anderer Typen. So können alle vier Gonen des Embryosackes am Leben bleiben und sich am Aufbau des Gametophyten beteiligen. Wenn nur ein Kern am Leben bleibt, kann er auch mehr oder weniger als drei Teilungen durchmachen, zu 16 oder nur 4 Kernen. Vor allem aber gibt es von den Farnen über die niedersten Nacktsamer bis zu den Bedecktsamern eine Übergangsreihe mit immer weitergehender Rückbildung des Gametophyten[1]). Von besonderem Interesse ist es, daß bei den Zykadeen und beim Gingko, den niedersten Blütenpflanzen, noch zwei richtige begeißelte Spermien gebildet werden. —

Vielleicht mit Ausnahme einiger Algen ist der heterophasische Generationswechsel streng obligatorisch, da — normale Fortpflanzung vorausgesetzt — aus dem Gametophyten stets ein Sporophyt und umgekehrt entsteht.

Heterophasischen Generationswechsel haben offenbar auch die Foraminiferen, eine Protozoengruppe[2]). (Bislang galt ihr Generationswechsel als homophasisch.) Da es sich um tierische Organismen handelt, sind natürlich die Bezeichnungen Gametophyt und Sporophyt nicht anwendbar. Der heterophasische Generationswechsel ist auch bei ihnen wohl obligatorisch (Abb. 90). Agamonten und Gamonten sind morphologisch verschieden und werden besonders nach der Größe der Anfangskammer als mi-

---

[1]) Näheres z. B. bei Geitler 1945, Sammlg. Göschen Bd. 141. 2. Aufl
[2]) Calvez 1946, Compt. rend. séanc. Acad. Sciences **222**, 612—614.

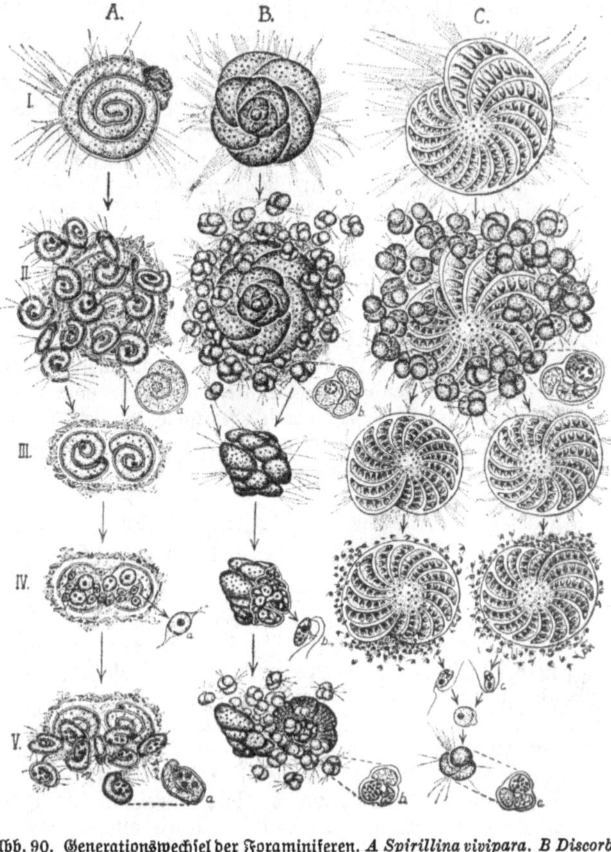

Abb. 90. Generationswechsel der Foraminiferen. *A Spirillina vivipara. B Discorbis patelliformis. C Polystomella crispa.* I Die mikrosphärischen Agamonten. II Ihre Vermehrung. Bei der Bildung der Agameten erfolgt die Reduktionsteilung. III Die makrosphärischen haploiden Gamonten. IV Ihre Gametenbildung und Befruchtung. V Aus den Zygoten entstehen wieder diploide Agamonten. Weitere Erklärung im Text. Nach Myers.

krosphärische und makrosphärische Generation unterschieden. Die Agamonten sind diploid. Die Reduktion erfolgt bei ihrer Vermehrung. Durch die agame Bildung neuer Individuen mit Pseudopodien im vielkernigen Agamonten entstehen zunächst einkernige haploide Gamonten, die später vielkernig werden (Abb. 91, I, II). Bei *Spirillina vivipara* (A III) umgeben sich zwei Gamonten mit einer gemeinsamen Zystenhülle. In jedem entstehen die ebenfalls mit Pseudopodien versehenen Gameten, die innerhalb der Zyste kopulieren (A IV). Die freiwerdenden Individuen (A V) wachsen wieder zu diploiden Agamonten heran. Bei *Discorbis patelliformis* legen sich zwei Gamonten ohne Enzystierung aneinander (B III). Es entstehen in ihnen begeißelte Gameten, die nach Auflösung von Kammerwänden noch im Innern der Gamontenschalen paarweise kopulieren (B IV). Aus den Zygoten entstehen wieder die pseudopodientragenden Agamonten (B V, I), ebenso bei *Polystomella crispa* (C V, I), jedoch entlassen die Gamonten dieser Art ihre begeißelten Gameten in das umgebende Meerwasser (C IV), wo die Kopulation erfolgt.

Anhang: Abweichende Fortpflanzungsverhältnisse bei Moosen, Pteridophyten[1]) und Blütenpflanzen.

Mit Kenntnis des heterophasischen Generationswechsels wird erst der Ausfall von Befruchtungsvorgängen und ihr Ersatz durch andere Vorgänge — Apomixis — bei den genannten Gruppen verständlich. Den Bedürfnissen des Botanikers entsprechend, ist eine spezielle Bezeichnungsweise eingeführt worden, der wir, ohne für den Anfänger nur verwirrende Vollständigkeit zu erstreben, im Anschluß an Winkler[2]) folgen wollen unter Einordnung in die hier benutzen Begriffe.

1. Parthenogenese ist wie bei den Metazoen die Entwicklung einer unbefruchteten Eizelle u. z. zu einem Sporophyten oder auch Gametophyten. (Im zweiten Fall spricht Winkler von Apomiktosis, nicht mit Apomixis zu verwech-

[1]) Steil, 1939, Botan. Review, **5**, S. 433—453.
[2]) Winkler, Handwörterbuch d. Naturwiss. 2. Aufl. IV. Band, S. 451; 1943 Planta, **33**, 1-90.

sein!) Bei Moosen ist Parthenogenese nicht bekannt. Diploid (oder zygophasig S. 82) und obligatorisch ist sie, wie schon erwähnt, bei dem Farn *Marsilia Drummondi*. Bei Blütenpflanzen kommt sie in verschiedenen Typen vor, bei *Antennaria alpina* ist jeder Ansatz zu Reifungsteilungen verloren gegangen. Auch haploide (gamophasige) Parthenogenese kommt vor, und zwar fakultativ. Sie wird stets durch eine Bestäubung induziert, ohne daß jedoch eine Befruchtung stattfindet.

2. Apogamie ist die apomiktische Entstehung eines Sporophyten aus einem Gametophyten, aber aus vegetativen Zellen eines Gametophyten. Diese sind ja in der Regel haploid. So können aus normal haploiden Synergiden oder Antipoden Embryonen entstehen, wie es beides vielleicht bei *Allium odorum* der Fall ist. Ausnahmsweise werden oder bleiben die gametophytischen Zellen aber diploid. Bei einigen Blütenpflanzen entwickelt sich z. B. aus einer diploiden Synergide ein Embryo. Bei dem Farn *Athyrium filix femina var. clarissima (Jones)* entstehen am ausnahmsweise diploiden Gametophyten zwar Eier und Spermien, es erfolgt jedoch keine Befruchtung, sondern der Sporophyt entwickelt sich aus vegetativen Prothalliumzellen. Interessant ist, daß bei diesem Farn auch der diploide Gametophyt vegetativ aus Sporophytengewebe entsteht, ein Vorgang, der als Aposporie bezeichnet wird, d. i. Entstehung eines Gametophyten aus vegetativen Sporophytenzellen unter Ausfall der Sporenbildung[1]). Beide „Generationen" pflanzen sich also vegetativ, d. h. ohne Fortpflanzungswechsel fort; außerdem sind beide diploid, es tritt also auch kein Kernphasenwechsel ein. Offenbar liegt eine Rückbildungserscheinung vor.

Auch sonst gibt es bei den Farnen allerlei Abweichungen vom normalen Generationswechsel. Erwähnt sei nur noch ein interessanter Fall von Apogamie bei *Lastrea pseudomas var. polydactyla* (*Wills*): am normal haploiden Gametophyten verschmelzen zwei gewöhnliche Prothalliumzellen und ihre Kerne zu einer diploiden Zelle, aus welcher der diploide Sporophyt sich entwickelt. Der Vorgang hat mit einer echten Befruch-

[1]) Farmer and Digby, 1907, Annals of Botany, **21**, 161—200.

tung nichts zu tun. Bei den Moosen ist Apogamie nur von *Phascum cuspidatum* bekannt, nicht als natürlicher Vorgang, sondern als Folge eines experimentellen Eingriffes. Durch Regeneration diploiden Sporophytengewebes kann zunächst apospor ein diploider Gametophyt erzeugt werden (s. S. 122). Dieser ist steril, doch können apogam aus ihm diploide Sporophyten entstehen. Wie bei *Athyrium* läßt sich so bei diesem Moos der Kernphasenwechsel aufheben.

Alle Fälle von Apogamie gehören zur vegetativen Vermehrung in unserem Sinne, bei den Antipoden und Synergidenembryonen kann allerdings das neue Individuum von einer Zelle seinen Ausgang nehmen (s. S. 28).

Zur vegetativen Vermehrung gehört auch 3. die vegetative Propagation im Sinne Winklers, d. i. die Entstehung eines Sporophyten aus einem Sporophyten (z. B. Knollen, Zwiebeln usw. der Blütenpflanzen) oder die Entstehung eines Gametophyten aus einem Gametophyten (z. B. Brutknospen der Moose), wobei die Entstehung stets aus vegetativen somatischen Zellen erfolgt (s. S. 28). Dazu kann weiterhin die Adventivembryonie einiger Blütenpflanzen gezählt werden. Hierbei entsteht aus einer bis mehreren diploiden somatischen Nuzellus- oder Integumentzellen, die sekundär in eine Embryosackanlage eindringen, direkt ein Embryo, ohne daß sich ein Gametophyt entwickelt (s. S. 28).

b) Homophasischer Generationswechsel.

Es gibt Organismen, bei denen sich der Wechsel zwischen agamer und geschlechtlich sich fortpflanzender Generation in derselben Kernphase vollzieht. Statt der üblichen unzweckmäßigen Bezeichnung: homologer Generationswechsel sei der Begriff homophasischer Generationswechsel gewählt und dem heterophasischen Generationswechsel gegenübergestellt. (In den bisher üblichen Bezeichnungen antithetischer und homologer Generationswechsel kommt der wesentliche Unterschied der beiden Generationswechselarten nicht zum Ausdruck.)

Bei dem Flagellaten *Stephanosphaera* und anderen Volvozineen folgen auf mehrere oder viele Generationen mit agamer Fortpflanzung Individuen, die Gameten zur Ausbildung bringen (Abb. 91). Es liegt also ein Generationswechsel vor. Da *Stephanosphaera* reiner Haplont ist, erfolgt der Generationswechsel in der Haplophase, er ist also homophasisch. Auch bei reinen Diplonten, z. B. dem Sonnentierchen *Actinophrys* (s. S. 58), kommt homophasischer Generationswechsel vor. In diesen und anderen Fällen können sich beliebig viele agame Generationen folgen, ehe eine Generation mit Gametenbildung entsteht. Der Generationswechsel ist also fakultativ und, wie wir noch sehen werden, von Außenbedingungen abhängig. Bei *Stephanosphaera* kann er nach beiden Richtungen unterdrückt werden: unter geeigneten Bedingungen schlüpft aus der Zygote ein Individuum aus, das gleich wieder Gameten bildet; ebenso ist dauernde agame Vermehrung möglich.

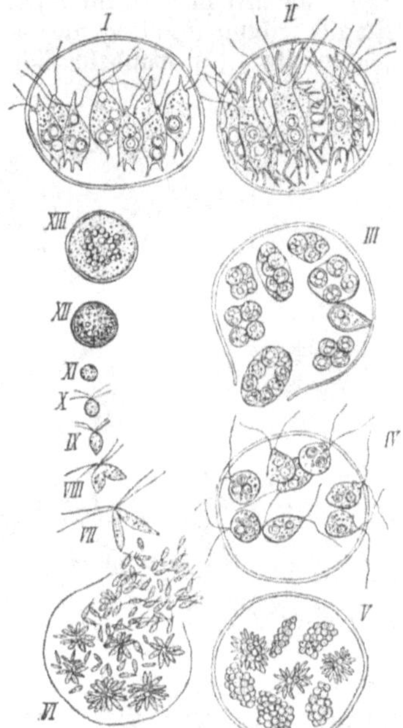

Abb. 91. Zeugungskreis von *Stephanosphaera pluvialis*. Flagellat. I—III Agamogonie. IV—VI. Gamogonie. VII—XI isogame Kopulation. XII—XIII Wachstum der Zygote. Im Anschluß an Hieronymus.

Obligatorisch ist der homophasische Generationswechsel der Gregarinen, und zwar in der Haplophase (Abb. 47, S. 55). Zwei Individuen, die Gamonten, vereinigen sich. In der gemeinsamen Hülle findet die Gametenbildung und merogame Befruchtung statt (S. 53). Die Zygote (sog. Sporozyste) macht die Reifeteilungen durch und anschließend erfolgt noch in der Zygotenhülle eine agame Vermehrung: Bildung sog. Sporozoiten (Sporogonie), die sich morphologisch zu Gregarinen, d. h. Gamonten, umbilden. Etwas komplizierter liegen die Verhältnisse bei den Kokzidien (Abb. 92): die wieder in der Zygotenhülle agam entstandenen Sporozoiten (l, m) vermehren sich nochmals agam, und zwar durch Zerfallsteilung (Schizogonie, a—d). Erst die so entstandenen „Merozoite" (e) wandeln sich zu den Gamonten um (f—k,

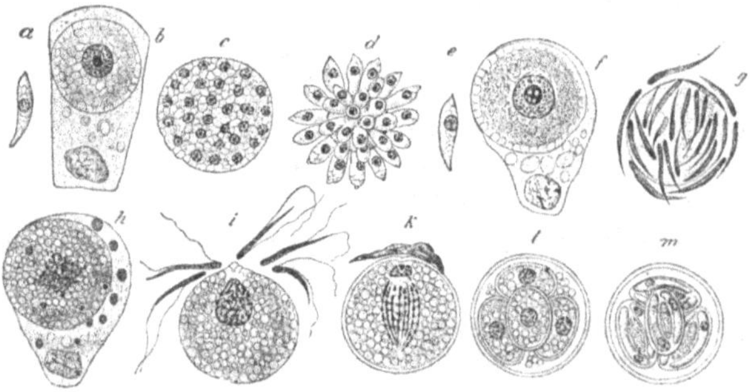

Abb. 92. Zeugungskreis von *Eimeria* (*Coccidium*) *schubergi*. (Nach Schaudinn.) Etwa 480/1. *a* Sporozoit; *b* herangewachsenes Kokzidium (Schizont) in einer Darmepithelzelle; *c* letzteres mit durch Teilung vermehrten Kernen; *d* in Bildung der Merozoite begriffen; *e* Merozoit; *f* Mikrogametozyte in einer Epithelzelle eingeschlossen; *g* dieselbe in Bildung der Mikrogameten begriffen; *h* Makrogamet innerhalb einer Epithelzelle, im Zustande der Ausstoßung von Kernsubstanz (Reifungsprozeß); *i* Befruchtungsprozeß; *k* kopulierte Kokzidie (Cozyste, Sporont) mit Hülle; *l* dieselbe in vier Sporen zerfallen (Reduktion!); *m* in jeder Spore sind zwei sichelförmige Keime (Sporozoiten) gebildet.

Hologamie im weiblichen, Merogamie im männlichen Geschlecht, S. 57). Ob dieser Generationswechsel obligatorisch ist, ist noch fraglich.

Auch diejenigen Rotalgen, die reine Haplonten sind, z. B. *Scinaia*, weisen homophasischen Generationswechsel auf: es wechselt eine agame Karposporengeneration mit einer Geschlechtsgeneration ab. Einige Rotalgen zeichnen sich jedoch sowohl durch homophasischen Generationswechsel, und zwar auf dem diploiden Sporophyten, als auch durch heterophasischen Generationswechsel aus (dreigliedriger Generationswechsel bei *Polysiphonia* u. a., Abb. 93). Aus der Zygote keimt der diploide, also sporophytische Gonimoblast aus, der sich ohne Reduktionsteilung durch Karposporen agam fortpflanzt. Aus diesen entwickeln sich die Tetrasporenpflanzen, die ebenfalls agam, aber nunmehr mit Reduktion Tetrasporen bilden. Daran schließt sich der Gametophyt an.

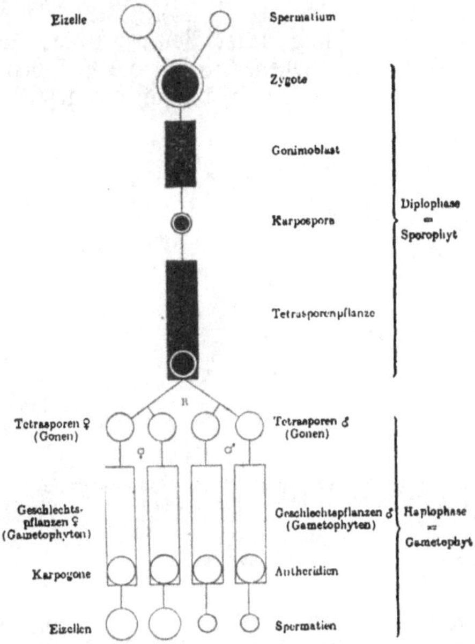

Abb. 93. Schematische Darstellung des Kernphasen- und dreigliedrigen heterophasisch-homophasischen Generationswechsels von *Polysiphonia* (Rotalge). Nach Hartmann.

2. Sekundärer Generationswechsel.

Im Gegensatz zum primären liegt sekundärer Generationswechsel vor, wenn sich eine geschlechtliche Generation und Generationen abwechseln, deren Fortpflanzungsart sekundär erworben ist, die also vegetative oder parthenogenetische Fortpflanzung besitzen. Zum primären Generationswechsel bestehen demnach keine inneren Beziehungen. Sekundärer Generationswechsel ist nur bei Metazoen bekannt.

a) **Metagenesis** ist der Wechsel zwischen geschlechtlich und vegetativ sich fortpflanzenden Generationen.

Bei vielen Zölenteraten entwickelt sich aus der Zygote die Polypengeneration (Abb. 19 S. 24). Diese kann sich oft vegetativ durch Erzeugung neuer Polypen unter Stockbildung vermehren. Davon abgesehen, bringen die Polypen vegetativ die beweglichen Medusen hervor, die sich nur geschlechtlich vermehren.

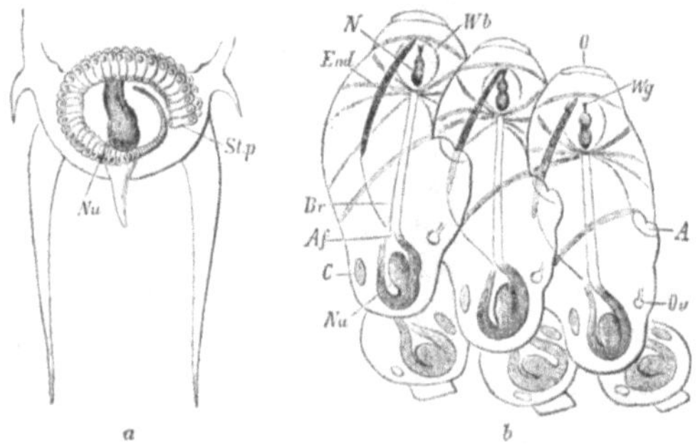

Abb. 94. *a* Hinterende der Ammenform von *Salpa democratia*. *Stp Stolo prolifer*, an dem vegetativ die Geschlechtstiere entstehen. *Nu* Eingeweidenukleus. — *b* Endstück des *Stolo* = junge Kette, stärker vergrößert. *O* Mund, *A* Kloakenöffnung, *N* Ganglion, *Wg* Wimpergrube, *Wb* Wimperbogen, *End* Endostyl, *Af* After, *Br* Kieme, *Nu* Darm, *Ov* Ovarium, *C* Herz. Nach Claus-Grobben-Kühn.

Aus den befruchteten Eiern entsteht wieder die Polypengeneration. Damit ist der Zyklus geschlossen. Auch bei Tunikaten kommt Metagenesis vor, z. B. bei den Salpen. Bei diesen wurde die Erscheinung des Generationswechsels überhaupt durch A. von Chamisso entdeckt (Abb. 94). Die eine, in Einzelindividuen lebende Generation (sog. Ammen) pflanzt sich nur vegetativ fort, indem am Hinterende durch einen Knospungsvorgang in Ketten lebende Individuen entstehen, die sich ihrerseits nur geschlechtlich vermehren. Hieraus entstehen wieder die Ammen. Beide Generationen unterscheiden sich auch in Gestalt, Größe und inneren Differenzierungen. Bei diesen Formen ist die Metagenesis obligatorisch. Fakultativ und von Außenbedingungen abhängig dagegen ist sie bei den Oligochäten, wie *Aeolosoma, Nais, Chaetogaster*. Es kann beliebig lange rein vegetative Knospung erfolgen, unter bestimmten Außenbedingungen entstehen aber Geschlechtstiere.

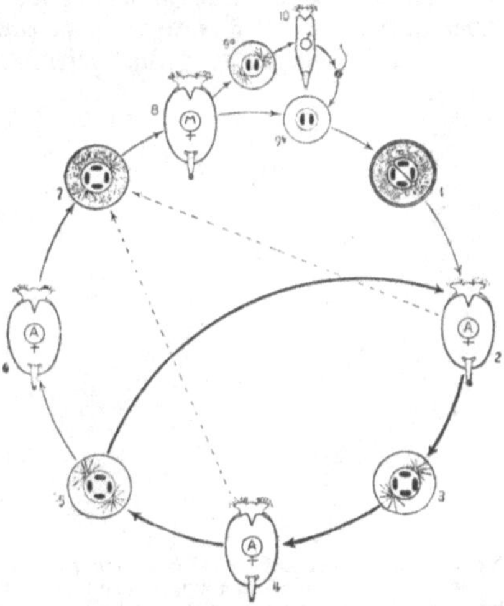

Abb. 95. *Pterodina elliptica*. Die verschiedenen Fortpflanzungsmöglichkeiten und ihre Abhängigkeit von Außenbedingungen. Schematische Darstellung. 1 Dauerei (befruchtet). 2 amiktisches parthenogenetisches Weibchen, das bei gleichbleibenden Bedingungen stets in der gleichen Weise durch diploide Parthenogenese amiktische Weibchen hervorbringt (stark ausgezogener Pfeil 2—5). 6 amiktisches Weibchen unter veränderten Außenbedingungen, dessen diploid-parthenogenetische Eier (7) miktische Weibchen entstehen lassen (diese Eier unterscheiden sich äußerlich nicht von denen der gewöhnlichen amiktischen Weibchen, müssen jedoch irgendwie von ihnen verschieden sein, was in dem Schema durch Punktierung des Protoplasmas angedeutet ist). Die amiktischen Weibchen können in jeder Generation durch die im Text erwähnten Änderungen des Milieus zur Produktion solcher Eier veranlaßt werden, im Schema durch die gestrichelten Pfeile angedeutet. 8 miktisches Weibchen, welches reduzierte Eier legt. Parthenogenetisch entwickeln sich dieselben zu Männchen (9a und 10), während sie nach Befruchtung zu Dauereiern (9b) werden. Aus Hartmann nach den Untersuchungen von Luntz.

Fakultativ ist meist auch b) die Heterogonie, die in der Regel in einem Wechsel zwischen parthenogenetischen und befruchtungsbedürftigen Generationen besteht. So produzieren viele Kladozeren diploid-parthenogenetische Eier, aus denen wieder parthenogenetische Tiere entstehen können, oder aber Männchen und Weibchen. Aus den Zygoten entstehen wieder parthenogenetische Generationen. Ähnlich liegen die Verhältnisse bei Rotatorien (Abb. 95). (Wie oben geschildert, entstehen hier die Männchen aus haploiden unbefruchteten Eiern, was aber nichts mit der Heterogonie zu tun hat.) Die Organisation der parthenogenetischen und befruchtungsbedürf-

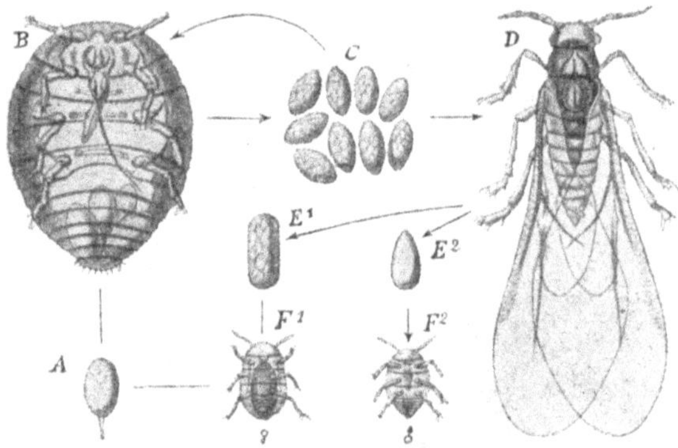

Abb. 96. Fortpflanzungszyklus der Reblaus (*Phylloxera vastratix*). *A* das befruchtete Ei; *B* die daraus hervorgehende ungeflügelte parthenogenetisch sich fortpflanzende Reblaus; *C* ihre Eier, aus denen zunächst, wie der obere Pfeil andeutet, wieder ebensolche ungeflügelte, parthenogenetische Weibchen (*B*) entstehen; gegen Ende des Sommers gehen aus ihnen geflügelte parthenogenetische Weibchen (*D*) hervor, diese erzeugen männliche und weibliche Eier (*E*¹ und *E*²), aus welchen die Geschlechtsgenerationen sich entwickeln. *F*¹ das Weibchen, *F*² das Männchen. Nach Weismann.

tigen Generation ist bei diesen Formen nicht oder nicht wesentlich verschieden. Tiefgreifende Organisationsunterschiede, die zugleich eine Anpassung an verschiedene Lebensbedingungen darstellen, treffen wir dagegen bei den verschiedenen Generationen der Rebläuse an (Abb. 96). Ein Wechsel parthenogenetischer und befruchtungsbedürftiger Generationen kommt auch bei Trematoden (Leberegeln) und Gallwespen vor.

Bei dem Fadenwurm *Angiostomum nigrovenosum* dagegen wechselt eine getrenntgeschlechtliche mit einer gemischtgeschlechtlichen Generation ab. Die Heterogonie dieser Art scheint obligatorisch zu sein.

3. Fortpflanzungswechsel.

Zum Generationswechsel gehören wenigstens zwei getrennte, sich verschieden fortpflanzende Generationen. Es gibt nun Organismen, die sich zwar verschieden fortpflanzen können, aber es liegt deshalb kein Generationswechsel vor, weil dasselbe Individuum sich verschieden fortpflanzt. So kann z. B. bei Süßwasserpolypen dasselbe Individuum sowohl vegetative Knospen als auch Geschlechtsorgane ausbilden (Abb. 16 S. 23). Ebenso ist es mit der vegetativen Vermehrung durch Brutknospen beim Moosgametophyten, durch Zwiebeln usw. bei Blütenpflanzen, da hier stets am selben Individuum beide Fortpflanzungsarten vorkommen oder doch vorkommen können. In solchen Fällen liegt einfacher Fortpflanzungswechsel vor.

III. Physiologie der Fortpflanzung.

A. Physiologie der Kern- und Zellteilung.

Über die Physiologie der ungeschlechtlichen Vermehrung der Bakterien ist noch nichts bekannt. Jede agame Fortpflanzung der übrigen Organismen ist mit Kern- und Zellteilung verknüpft. Alle Untersuchungen, die das Ziel haben, diesen Grundvorgang aufzuklären, können daher weitgehend auf die Physiologie der Fortpflanzung bezogen werden, auch wenn sie nicht an Keimzellen, sondern an irgendwelchen somatischen, sich teilenden Zellen ausgeführt sind.

Ein erstes physiologisches Problem ergibt sich aus der Regel, daß die Zellteilung der Kernteilung folgt. Einige physiologisch normale Ausnahmen, so die Einleitung der Plasmateilung vor sichtbaren Änderungen am Kern bei *Chlamydophrys* (Abb. 5 S. 14) und *Chlamydomonas* lassen schon vermuten, daß eine Koppelung von Vorgängen vorliegt, die auch unabhängig ablaufen können. In der Tat kann physiologisch normal oder als Ausnahme eine Kernteilung auch ohne unmittelbar darauffolgende Zellteilung ablaufen (Abb. 8 S. 16) und umgekehrt können bei künstlich kernlos gemachten Eiern von Amphibien, Echinodermen und dem Salzkrebschen *Artemia* normale Zellteilungen ohne Kernteilung erfolgen (Abb. 97). Diese Unabhängigkeit gilt auch für Einzelabläufe der Teilung. Wie aus Abb. 97 hervorgeht, können Zentrosomenteilung und Spindelbildung ohne Vorhandensein eines Kernes erfolgen, was auch bei manchen doppeltbefruchteten Echinodermeneiern beobachtet wurde. Dagegen scheint eine *geregelte* Chromosomenverteilung auf zwei Tochterkerne ohne Bildung einer normalen Spindel nicht möglich zu sein. Immerhin können Chromosomenspalthälften auseinanderwandern, wenn nur eine ähnlich fibrilläre Struktur in der Zelle wie bei der Spindelbildung vorhanden ist (sog. Monasterbildung bei Echinodermen und Würmern). Ja sogar ohne jede Fibrillenbildung können die Spalthälften von Chromosomen, die beiden Chromatiden, auseinanderfallen und sich als nunmehr selbständige Chromosomen von neuem teilen. Das ist der Fall bei der sogenannten *Endomitose* somatischer Zellen, wobei sich jedesmal alle Chromosomen des ursprünglich diploiden Satzes regelmäßig teilen, jedoch ohne Kernteilung, so daß Zellen mit vervielfachten Chromosomensätzen, polyploide Zellen, entstehen[1]).

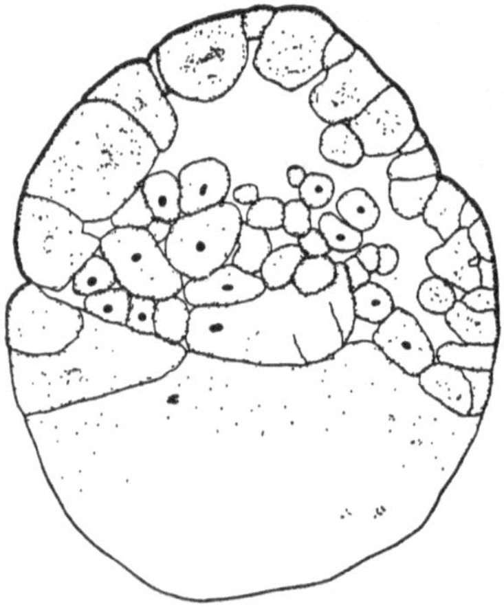

Abb. 97. Medianer Schnitt durch eine junge Blastula von *Triton* (Molch), die zum größten Teil aus kernlosen Zellen besteht. Oben eine kernlose Strahlung in Teilung, rechts in einer Zelle nahe der Oberfläche zwei Tochterstrahlungen und Beginn einer Zellteilung. Nach *Fankhauser*.

Solche Erkenntnisse über Abhängigkeitsverhältnisse sind zweifellos sehr wichtig, aber sie berühren noch nicht das Grundproblem: warum teilt sich die Zelle und der Kern und in diesem insbesondere die Chromosomen? Ihre Fähigkeit

[1]) Geitler, 1939, Chromosoma **1**, S. 1—22.

und die der Gene, sich selbst neu zu erzeugen, stellt vor dieselben noch ungelösten Probleme wie bei den Viren und Phagen (S. 9). Auch sonst ist nur wenig über diese Grundfragen bekannt. Von grundsätzlicher Bedeutung ist die erst neuerdings gewonnene Erkenntnis, daß wenigstens in bestimmten Fällen Erbfaktoren (Gene) eine steuernde Rolle spielen. Die Versuche gehen von der Frage aus, warum manche Gameten die Fähigkeit zur parthenogenetischen Entwicklung haben, wobei in den hier interessierenden Fällen unbefruchtete Gameten die Fähigkeit zur Kern- und Zellteilung erhalten. Physiologisch gesehen, gehören also diese Parthenogenesevorgänge weitgehend in den hier behandelten Problemkreis. (Mit dieser Teilung ist außerdem meist eine Entwicklung verknüpft, was aber nur in entwicklungsphysiologischer Hinsicht von Bedeutung ist.)

Bei *Enteromorpha compressa*, einer haplontischen Grünalge mit isogamer Befruchtung, haben die Gameten beider Geschlechter, welche die Gene apo$^+$ parth^0 besitzen, die Fähigkeit zu parthenogenetischer Entwicklung ohne Aufregulierung der Chromosomenzahl (Apomiktosis im Sinne Winklers, s. S. 100). Gameten, die apo$^+$ parth$^+$ führen, regulieren außerdem auf. Apo$^+$ bewirkt also Einsetzen von Teilungen, parth$^+$ Aufregulierung, die Allele apo^0 und parth^0 verhindern den jeweiligen Vorgang. Daher sind apo^0 parth^0-Gameten, aber auch apo^0 parth$^+$-Gameten nicht entwicklungsfähig. Die Wirkung von apo$^+$ und parth$^+$ erstreckt sich aber nur auf die Gameten. Alle Zellen, die nach einer normalen Befruchtung aus den Zygoten entstehen, sind voll entwicklungsfähig, auch wenn sie apo^0 führen und regulieren in der normalen Haplophase nicht auf, wenn sie parth$^+$ führen.

Das Gen apo^0 wirkt in der Weise, daß ein teilungsverhindernder Hemmstoff gebildet wird[1]).

Bei den meisten parthenogenetisch sich fortpflanzenden Organismen sind solche Kreuzungen nach Lage der Dinge nicht ausführbar, über die Beteiligung von Erbfaktoren ist daher noch keine sichere Erkenntnis gewonnen worden. Darüber hin-

[1]) Moewus 1948, Biol. Zentralbl. **67**, 277—293 und 1949, **68**, 232—243.

aus ist für alle Fälle von Parthenogenese unbekannt, welche spezielle physiologische Zustandsänderung im Gameten teilungsauslösend wirkt, auch für die vielfachen Versuche mit experimentell erzeugter Parthenogenese gilt das. Eine wichtige Rolle spielt sicher bei den Metazoen, daß das Eizentrosom im aktiven Zustand gehalten wird. Bei *Enteromorpha* wird, wie eben geschildert, die Teilung durch einen Hemmstoff verhindert, was aber natürlich noch nichts darüber aussagt, wodurch sie bei seinem Fehlen eintritt. —

Die Frage der Bedingungen der Teilung kann noch von anderen Wegen aus angegangen werden. Wenn eine Zelle,

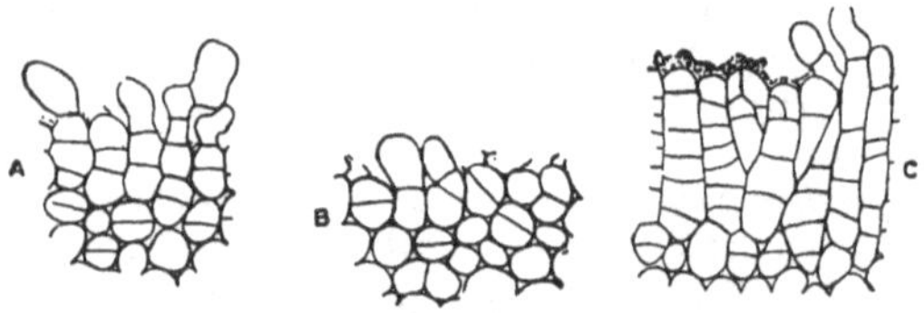

Abb. 98. Zellteilungen unter der Wundfläche einer Kohlrabiknolle. *A* Wundfläche nicht abgespült. Aus den nicht entfernten Zelltrümmern dringen Wundhormone in die nicht verletzten Zellen ein und bewirken Zellteilungen. *B* Wundfläche abgespült, Zelltrümmer dadurch weitgehend entfernt, daher sehr wenige Zellteilungen. *C* Wundfläche mit Kohlrabibrei bedeckt. Daher sehr viel Wundhormone und sehr viel Zellteilungen. Nach Haberlandt.

z. B. ein Protozoon oder eine somatische Zelle, sich teilt, so wachsen in der Regel die beiden Tochterzellen wieder zur Ausgangsgröße heran, bis sie sich von neuem teilen. Wird das Wachstum bis zu dieser Teilungsgröße verhindert, so tritt auch keine Fortpflanzung ein. Dies hat sich experimentell durch Daueramputationen an *Amoëba proteus* und *Stentor* nachweisen lassen. Werden diese Zellen nämlich durch dauerndes Abschneiden von etwas Plasma (ohne Beschädigung des Kernes) klein gehalten, so teilen sie sich nicht. Die Fortpflanzung kann so auf die Dauer ohne Schädigung des Individuums unterdrückt werden. Es bestehen also offensichtlich Beziehungen zwischen Fortpflanzung und Wachstum. Aber auch diese in der Regel gekoppelten Vorgänge lassen sich trennen. So teilen sich die Eier der Metazoen bei der Furchung ohne Wachstum zwischen zwei Teilungen in viele immer kleiner werdende Zellen auf, was ja auch für alle Sukzedanteilungen gilt. Bei dem koloniebildenden Flagellaten *Eudorina* (Abb. 6 u. S. 15) läßt sich experimentell durch Dauerbeleuchtung eine ununterbrochene Folge von Teilungen ohne Wachstum erzielen, wobei ich die Zellen schließlich regelrecht zu Tode teilen. Umgekehrt läßt sich bei dem verwandten *Gonium pectorale* durch Überkonzentration der Nährlösung die Fortpflanzung, aber nicht das Wachstum unterdrücken. Solche Kolonien wachsen sich zu Tode.

Die Versuche an *Eudorina* und andere Beobachtungen lassen bereits vermuten, daß an sich Kern und Plasma in jedem Lebensstadium der Zelle teilungsfähig sind und daß nur die „richtigen" Faktoren einwirken müssen, um die Teilung zu realisieren. Bei der einkernigen Schirmalge *Acetabularia* ließ sich diese Annahme wenigstens innerhalb gewisser Altersgrenzen bestätigen, und zwar durch Versuche unter physiologisch völlig normalen Bedingungen: wird ein junger Kern in eine alte „teilungsreife" Pflanze transplantiert, so teilt er sich. Wird umgekehrt ein alter Kern aus einer teilungsreifen Pflanze in eine junge Pflanze gebracht, so teilt er sich nicht, sondern erst, wenn die Pflanze die normale Teilungsreife erreicht hat[1]). Dadurch ist zugleich erwiesen, daß dem Kern die Teilung dur ch Bedingungen aufgezwungen wird, die innerhalb der Zelle entstehen, für ihn aber „Außenfaktoren" sind. Ein autonomer, die Teilung auslösender Kernrhythmus, der ja durchaus denkbar wäre, liegt dagegen nicht vor.

Versuche an somatischen Zellen höherer Pflanzen haben gezeigt, daß bei ihnen chemische Stoffe, sog. Wundhormone, teilungsauslösend wirken (Abb. 98). Die Wirkung ist deshalb eindeutig, weil an sich nicht mehr sich teilende Zellen zu neuen Teilungen veranlaßt werden. Es gelang, ein Wundhormon (vielleicht gibt es mehrere) kristallisiert darzustellen. Synthetisch hergestelltes „Traumatin" hatte die gleichen chemischen und physiologischen Eigenschaften[2]). Die Entstehung dieser Stoffe ist noch ungeklärt: entweder entstehen sie, wie es der Name Wundhormone besagt, bei der Verletzung von Zellen, oder sie

---

[1]) Hämmerling, 1939, Biol. Zentralblatt **59**, S. 158—193.

[2]) Bonner and English, 1938, Plant Physiology **13**, S. 331—347. — English, Bonner, Hagen-Smit, 1939. Proceed. Nat. Acad. Sci. **25**, S. 323, und Science **90**, S. 329.

sind von unverletzten Zellen selbst gebildete Wirkstoffe, die zur Auslösung einer Teilung in genügender Konzentration in der Zelle vorhanden sein müssen. Im ersten Falle würde den Wundhormonen nur ein beschränkter Wirkungsbereich zukommen, da es zweifellos unendlich viele Zellen gibt, die sich teilen, ohne daß sie selbst oder andere benachbarte Zellen verletzt sind; das gilt z. B. für alle Einzeller. Auch die Wundhormone dürften aber nicht die Ursache der Fortpflanzung sein, sondern nur ein Glied einer Kette von Vorgängen. Für die Chromosomen des Zellkernes scheint jedenfalls zu gelten, daß sie sich bereits geteilt haben müssen, ehe eine Kernteilung ausgelöst werden kann. In dieser Hinsicht handelt es sich bei allen fortpflanzungsphysiologischen Versuchen wahrscheinlich immer nur um aktivierende und nicht eigentlich verursachende Faktoren.

Ob die Wundhormone direkt und nur auf die Teilung einwirken, ist noch nicht sicher. Vielleicht haben sie wenigstens nebenbei noch andere Wirkungen, die mittelbar von Einfluß auf die Teilung sind. Rein theoretisch müßten spezifisch teilungsauslösende Stoffe scharf von anderen Wirkstoffen getrennt werden, die nur mittelbar auf die Teilung einwirken. Damit stoßen wir wieder au die im einzelnen so ungeklärten Beziehungen zwischen den beiden Grundvorgängen im Leben einer Zelle, Wachstum und Teilung. So gibt es vom Organismus selbst gebildete Wirkstoffe, die wahrscheinlich plasmavermehrend wirken; zu ihnen gehören z. B. Biotin, Aneurin u. a. Wenn aber eine Zelle schneller wächst, so wird sie sich auch schneller teilen, da ja in der Regel Teilung nach Erreichen einer bestimmten Größe erfolgt. Es wäre also falsch, solche Stoffe als Teilungsstoffe aufzufassen. Wuchsstoffe dieser Art wurden besonders bei Pilzen, Hefen und Bakterien nachgewiesen. Neuerdings wurden u. a. bei *Neurospora*, dem roten Brotschimmel, einem niederen Askomyzeten, durch U. V.- und Röntgenbestrahlung Mutationen ausgelöst, welche die Synthese des sonst körpereigenen Aneurins und anderer Wuchsstoffe verhindern. Die Sporen mutierter Pilze wachsen erst aus, wenn dem Kulturmedium die ausgefallenen Wuchsstoffe zugesetzt werden[1]).

---

[1]) Fries 1948, Transact. Brit. Mycolog. Soc. **30**, 118—134; Friedrich-Freksa 1948, Zeitschr. Naturforschg. **3b**, 63; Horowitz, Bonner, Mitchel, Tatum und Beadle 1945, Americ. Naturalist **79**.

Eine weitere Gruppe von organismuseigenen Wirkstoffen, die Auxine i. w. S., haben in physiologisch normalen Dosen wahrscheinlich keinen unmittelbaren Einfluß weder auf die Teilung noch auf die Plasmavermehrung, sondern auf Zellstreckung bei Pflanzenzellen. Daneben gibt es eine ganze Reihoe vn nichtorganismuseigenen Stoffen, die auf die Teilung sicher nur auf indirektem Wege einwirken, z. B. alle die künstliche Parthenogenese auslösenden Stoffe. Ebenso indirekt wirken wohl auch die normalen Außenbedingungen, z. B. Intensität und Qualität des Lichtes auf Pflanzenzellen. —

Als spezifisch teilungsauslösend ist auch die mitogenetische Strahlung verantwortlich gemacht worden, eine Ultraviolettstrahlung bestimmter Wellenlänge, die von sich teilenden Zellen ausgesandt und ruhende Zellen zur Teilung bringen soll. Die Existenz dieser Strahlung ist aber weder physikalisch noch biologisch gesichert[1]).

B. Physiologie des Befruchtungsvorganges.

Wenn zwei geschlechtsverschiedene Gameten sich befruchten sollen, müssen sie zusammenkommen. Solange sie noch weit getrennt sind, ist das Zusammentreffen mehr oder weniger Zufall, jedenfalls nicht durch gegenseitige Einwirkung bedingt. Sobald sie aber nahe aneinander gekommen sind, tritt eine wechselseitige Reaktion beider Gameten ein, welche die Befruchtung wirklich zustande kommen läßt. Neueste Untersuchungen an Chlamydomonaden und verschiedenen Metazoen haben in Zusammenarbeit zwischen Chemiker und Biologen gezeigt, daß spezifische Wirkstoffe — d. s. vom Organismus selbst produzierte Stoffe, die schon in Minimaldosen wirken — für das Zustandekommen einer Befruchtung von entscheidender Bedeutung sind.

Bei den isogamen Chlamydomonaden wurden verschiedene Arten der *Chl. eugametos*-Gruppe erforscht. Werden geschlechtsverschiedene Gameten in einem Tropfen zusammengebracht, so erfolgt 1. chemotaktische Anlockung, wahrscheinlich auch Aktivierung, d. h. stärkere Beweglichkeit, 2. Gruppenbildung, d. h. die Gameten verklumpen zu kleineren bis größeren Haufen, ein Vorgang,

[1]) Gerlach, 1937, Naturwissenschaften. **25**, 585—588.

der mit der Agglutination der Seeigelspermien (s. u.) größte Ähnlichkeit hat (Abb. 99), 3. in den Gruppen findet die paarweise Verschmelzung je zweier Gameten statt. Als Sexualstoffe wirkten verschiedene Carotinoide, die Derivate einer noch hypothetischen Vorstufe sind; außerdem sind sie primär von den Genen für Männlichkeit oder Weiblichkeit abhängig (vgl. das Schema S. 118).

Zunächst können nur begeißelte, bewegliche Zellen kopulieren. Im Dunkeln bleiben die Zellen ohne Geißeln. Diese entstehen aber nach Zusatz von Crocin, auch im Dunkeln. Die Beweglichkeit der Geißeln wird durch einen anderen noch unbekannten Stoff hervorgerufen. Wird Crocin in so hoher Verdünnung zugesetzt, daß umgerechnet auf die Zahl der in einem Versuchsgefäß vorhandenen Zellen auf eine Zelle nur 1,2 Molekel Crocin kommen, so sind sämtliche Zellen nach 5 Minuten begeißelt, ja selbst bei 0,05 Molekülen pro Zelle tritt hundertprozentige Begeißelung ein, wenn auch erst nach 5—6 Stunden. Da eine Zelle nicht weniger als ein ganzes Molekül aufnehmen kann, besonders im zweiten Versuch ja nicht einmal dieses pro Zelle zur Verfügung steht, so ließen sich die Ergebnisse nur durch Annahme eines Ausschüttungseffektes verstehen. Danach wird durch das Crocin in der Zelle irgend eine Struktur in Tätigkeit gesetzt, im vorliegenden Falle soll es das Pyrenoid sein, welche einmal in Gang gesetzt, autokatalytisch die Entstehung des eigentlichen Geißelbildungsstoffes steuert. Tatsächlich sollen nach kurzer Zeit weit mehr eigentliche Geißelbildungsstoffe nachzuweisen sein als Crocin zugesetzt wurde.

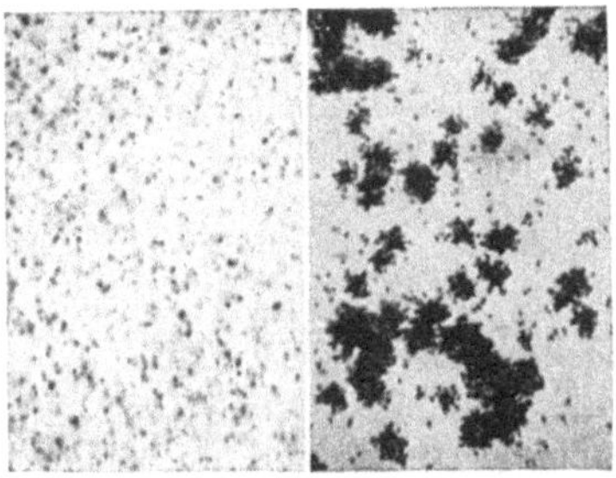

a b

Abb. 99. *Chlamydomonas eugametos* (Flagellat). *a* Gameten von einem Geschlecht. *b* dieselben nach Zufügen der Gameten des andern Geschlechts; normale Gruppenbildung. Nach Moewus.

Als eigentliche Befruchtungsstoffe — Gamone — wirken die Chemotaxis hervorrufenden cis- und trans-Crocetindimethylester, und zwar in bestimmten Mischungsverhältnissen. So ist z. B. bei der *forma simplex*, damit Kopulation eintritt, für die männlichen Gameten ein Verhältnis 25 cis : 75 trans, für die weiblichen Gameten das umgekehrte Verhältnis 75 cis : 25 trans erforderlich. Der Konzentrationsunterschied zwischen cis — cis und trans — trans beträgt hier jeweils 50. Bei anderen Rassen und Arten liegen andere Mischungsverhältnisse vor, z. B. 5 cis : 95 trans = ♂ und 95 cis : 5 trans = ♀. Zum Gelingen einer Befruchtung ist mindestens eine Differenz von 20 erforderlich. Je größer die Differenz, desto kräftiger ist die Reaktion, jedoch nur bis zu einer oberen bei 90 liegenden Grenze. Die Veresterung von Crocin ist ein katalysatorischer Vorgang, er konnte im Reagenzglasversuch durch zwei aus den Zellen isolierte Fermente hervorgerufen werden, die cis-Crocin zu cis-Ester, trans-Crocin zu trans-Ester veresterten. Die Fermente wiederum sollen von bestimmten Genen abhängig sein.

Bei getrenntgeschlechtlichen Stämmen ist das jeweilige cis : trans Verhältnis — ♂ stets mehr trans- als cis-Ester — rein erblich festgelegt und chemisch nicht verrückbar. Dagegen ließ es sich bei gemischtgeschlechtlichen zwittrigen Stämmen verschieben. Diese bilden ja normalerweise ♂ und ♀ Gameten. Wurde aber ein Oxaldehyd des Safranals zugesetzt, so entstanden nur ♂ Gameten. Deshalb ist dieser Stoff als geschlechtsbestimmender Stoff — Termon, und zwar als Androtermon — zu bezeichnen. Muttersubstanz hierfür ist vielleicht das Picrocrocin. Es schien nach den ersten Versuchen, daß Picrocrocin auch als Gynotermon wirkte, also nur ♀ Gameten entstehen ließe. Jedoch ging die eigentliche Wirkung wohl von einer Verunreinigung aus. Als am stärksten wirksames Gynotermon erwies sich Isorhamnetin, ein Quercetinester. Überraschenderweise ist diese Substanz kein Carotinoid. Die Wirkungsweise der Termone besteht darin, daß das Gynotermon das gamonbildende Ferment, das zur Entstehung von cis-Crocetindimethylester führt, fördert, während das Oxaldehyd des Safranals das „cis-Ferment" hemmt. Daher entsteht also je nachdem ein Überschuß von cis- oder trans-Ester, wie er für weibliche oder männliche Gameten charakteristisch ist. — Für die Ent-

Die Befruchtungsstoffe bei Chl. eugametos und ihr chemischer Zusammenhang.

Geschlechtsrealisatoren
(männlich oder weiblich)

↓

Protocrocin
(hypoth. Vorstufe)

↙ ←Fe→ ↘

Picrocrocin	Crocin
vielleicht Muttersubstanz für das Androtermon. Grenze der Wirksamkeit: 10^6 Molekel pro Zelle.	bewirkt Geißelbildung[1]). Grenze der Wirksamkeit: 1.2 Molekel pro Zelle.
Fe→ ↓	↓ ←Fe
Oxyaldehyd des Safranals (Androtermon). Grenze der Wirksamkeit: 1.3 Molekel pro Zelle.	cis- und trans-Crocetin-dimethylester (Gamone), bewirken die Chemotaxis und Kopulation der Gameten. Grenze der Wirksamkeit: 10^7 Molekel pro Zelle.

Isorhamnetin (kein Carotinoid) wirkt als Gynotermon. Grenze der Wirksamkeit: 1.5 Molekel pro Zelle.

Fe = aus den Zellen isolierte Fermente, die nach Moewus auf erdem gen abhängig sind. Diese Fermente bewirken im Reagenzglasversuch die Umsetzungen der Carotinoide (das obere noch nicht nachgewiesen).

---

1) Beweglichkeit wird durch unbekannten Stoff bewirkt.

stehung der Androtermone ist wieder ein zelleigenes Ferment verantwortlich. In getrenntgeschlechtlichen Stämmen besitzen die ♀ dieses Gen nicht, daher fehlt ihnen das „Androtermonferment" und damit das Androtermon.

Es ist nachgewiesen, daß den „künstlichen" Sexualstoffen, die aus Narben oder Pollen des Crocus gewonnen werden, in den Zellen natürliche Sexualstoffe mit denselben Wirkungen entsprechen. Wahrscheinlich sind diese mit den künstlichen Stoffen identisch oder doch verwandt. Ob das auch für das Gynotermon gilt, ist eine noch offene Frage; dieses fällt ja chemisch ganz aus der Reihe der anderen Sexualstoffe heraus, so daß es vielleicht ein Nachschlüssel der Natur ist. Sehr überraschend ist in diesem Zusammenhang auch die Entdeckung, daß Borsäure, also eine rein anorganische Substanz, als Androtermon wirkt. Das ist aber vielleicht so zu verstehen, daß das natürliche Gynotermon durch Borsäure inaktiviert wird. Wird nämlich Borsäure mit einem bestimmten Quercetinderivat versetzt, so wird dieses inaktiviert. — Auch für die Termone ist ein Ausschüttungseffekt anzunehmen, für den wieder das Pyrenoid die steuernde Stelle sein soll.

Die Produktion und Ausscheidung der Sexualstoffe findet nur im Licht statt. Durch Zusatz der künstlichen Sexualstoffe lassen sich die Gameten aber auch in Dunkelheit bis zur vollständigen Kopulation reaktionsfähig machen [1]).

Bei verschiedenen Metazoen — Seeigeln, Mollusken, Neunauge, Forellen — wurden ebenfalls Befruchtungsstoffe, Gamone, nachgewiesen. Hier waren, da ja eine Ei-Spermabefruchtung vorliegt, kompliziertere Verhältnisse zu erwarten. In allen Fällen kommen vier Gamone vor, zwei Gyno- und zwei Androgamone, so daß bei der sehr verschiedenen systematischen Stellung

[1]) Zusammenfassungen bei Hartmann 1943, Die Sexualität; Kuhn Angew. Chemie Jahrg. 1940, 1—6; Moewus 1941, Ergebn. Biol. **18**, 287—356; Gynotermonfrage und Borsäure: Kuhn, Löw, Moewus 1942, Naturw. **30**, 373—374 und 407. Geißelbildung: Moewus 1943, Naturw. **31**, 420; 1946, Biol. Z. **65**, 18—29, in dieser Arbeit auch das Ausschüttungsproblem und weitere Literatur zur Termonfrage. — Diese Ergebnisse sind auch von großer Bedeutung für das Problem der Geschlechtsbestimmung und darüber hinaus der Genwirkungen. Hierfür sei außer den angeführten Arbeiten auch auf Hartmanns Göschenband 1127 verwiesen. — Es sind Bedenken gegen verschiedene Arbeiten von Moewus geäußert worden. Die erwünschte Klarstellung von dritter Seite steht noch aus. Dagegen sind die chemischen Arbeiten Kuhns und seiner Mitarbeiter von dieser Kritik auszunehmen.

der Objekte mit sehr weiter, wenn nicht allgemeiner Verbreitung zu rechnen ist.

Die Gynogamone wurden aus Eisekreten gewonnen. Gynogamon I bewirkt 1. Aktivierung der Spermien, so daß diese lebhaft beweglich werden, 2. Chemotaxis der Spermien (Abb. 100), Gynogamon II bewirkt Agglutinierung, d. i. Verklumpung der Spermien durch Klebrigwerden. Bei den Seeigeln wirkt Echinochrom A wie das Gynogamon I, bei den Forellen das Carotinoid Astaxanthin. Beide Substanzen wurden aus den Eiern gewonnen und dürften den natürlichen Gamonen entsprechen. Gynogamon II ist bei den Forellen ein thermostabiles Proteid, das aus einem globulinartigen Protein und einem Phosphatid besteht.

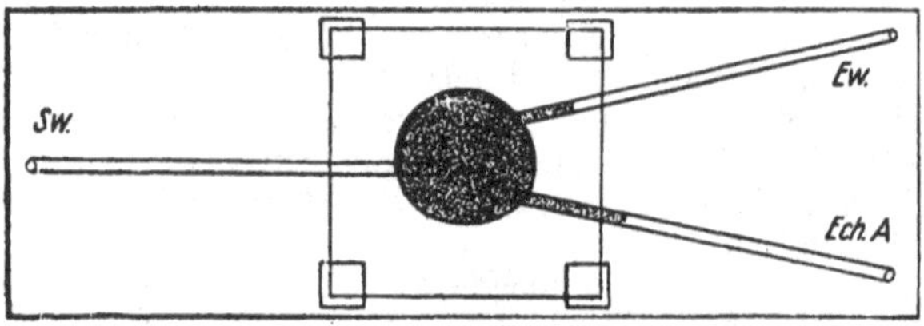

Abb. 100. Spermienchemotaxis von *Arbacia pustulosa*. Spermatropfen mit 3 Kapillaren. *Sw* = Kapillare mit Seewasser, keine Chemotaxis. *Ew* Eisekretwasser, *Ech A* = Echinochrom *A*, beide chemotaktisch wirkend. Nach Hartmann und Schartau.

Die Androgamone werden von den Spermien abgegeben. Über ihre chemische Natur ist noch wenig bekannt. Androgamon I neutralisiert die Wirkung von Gynogamon I, es lähmt die Spermien, Androgamon II wirkt antagonistisch auf Gynogamon II und ruft außerdem Lösung der Eigallerte hervor. Der Befruchtungserfolg hängt von fein abgestuften Mengenverhältnissen dieser vier Gamone ab. Wie ihre Wirkung im einzelnen zu deuten sind, ist aber noch weiterer Aufklärung bedürftig. Leicht einzusehen ist, daß die Aktivierung und chemotaktische Anlockung der Spermien durch die Eier (G I) von großer biologischer Bedeutung sind, die Agglutinierung durch G II könnte für das Festhaften an der Eigallerte nützlich sein. Wenn die durch G I aktivierten Spermien durch A I wieder etwas gelähmt werden, so wäre denkbar, daß sie hierdurch länger befruchtungsfähig bleiben. Die gallertlösende Wirkung von A II dürfte den Spermien den Weg zur eigentlichen Eioberfläche erleichtern, während die antiagglutinierende Wirkung einer zu starken Agglutinierung vorbeugen könnte. G I schließlich bewirkt irreversible Verklumpung artfremder Spermien und wirkt so vielleicht einer Befruchtung mit artfremdem Sperma entgegen[1]).

Auch bei einem Pilz u. z. der Saprolegniacee Achlya wurden Sexualstoffe nachgewiesen. Sie haben jedoch andere Funktionen als die besprochenen Gamone und Termone, die auf die Befruchtung und Geschlechtsbestimmung wirken, denn sie wirken auf die Ausbildung der Gametangien und einen chemotaktischen Vorgang zwischen diesen, nicht der Gameten. Stoff A wirkt antheridienbildend, Stoff B läßt Oogonanlagen entstehen, Stoff D bewirkt ihre Reifung, Stoff C Anziehung der antheridialen Äste an die weiblichen. A und C werden von den Weibchen, B und D von den Männchen abgeschieden. Ihre chemische Natur ist noch unbekannt[2]).

Bei den Moosen und Pteridophyten ist nur wenig über die Physiologie der Befruchtung bekannt. Auf Lebermoosspermien wirken Eiweißstoffe und Diastase chemotaktisch, auf Laubmoosspermien Rohrzucker, auf Farnspermien Apfelsäure. Es ist aber nicht sicher, daß diese Stoffe auch von den Archegonien abgeschieden werden. Wahrscheinlich handelt es sich jedenfalls nicht um eng spezifische Stoffe, da Lebermoosspermien auch durch Laubmoosarchegonien angelockt werden. Die Chemotaxis kann wieder erst in der Nähe der weiblichen Organe erfolgen, bis dahin legen die Spermien ihren Weg in der die Gametophyten bedeckenden feuchten Hülle zurück.

Für die Blütenpflanzen sei nur kurz darauf hingewiesen, daß es sich, soweit die Dinge erforscht sind, bislang mehr um entwicklungsphysiologische Vorgänge (Austreiben des Pollenschlauches u. a.) als um unmittelbar befruchtungsphysiologische Vorgänge handelt. —

Die Folge einer jeden Befruchtung ist schließlich die Reduk-

[1]) Zusammenfassende Darstellungen bei Hartmann 1943, Die Sexualität; 1947, Allgem. Biol. 3. Aufl.

[2]) Zusammenfassung bei Moewus 1943, Ergebn. Biol. 19, 82—142.

tion der Chromosomen. Welche Kräfte bewirken, daß sich väterliche und mütterliche Chromosomen paaren, ist so gut wie unbekannt. Die Vorgänge sind durch äußere Einwirkungen (Temperaturschocks), stark beeinflußbar[1]).

C. Physiologie des Generations- und Fortpflanzungswechsels.

Der obligatorische heterophasische Generationswechsel ist zeitlich an den Kernphasenwechsel gebunden. Es erhebt sich daher die Frage, ob auch eine ursächliche Bindung vorliegt. Nach den gegenwärtigen Kenntnissen ist durchaus mit der

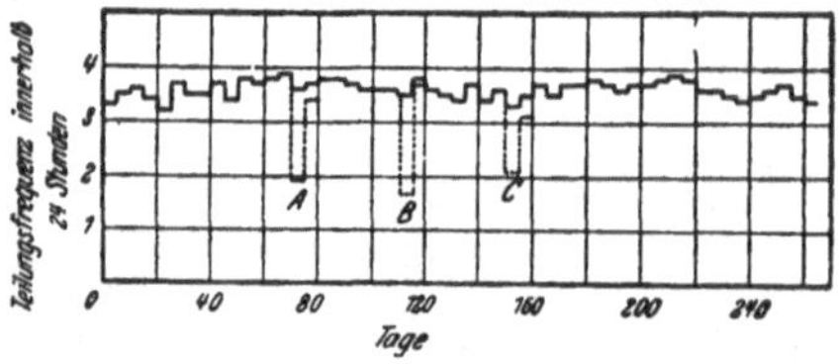

Abb. 101. Teilungsrate von *Didinium nasutum* (gefüttert mit *Paramecium*) für 260 Tage. Die kontinuierliche Linie gibt die Teilungsrate (in Zusammenfassung für je 5 Tage) bei Fütterung mit „fetten“ Paramezien wieder. Ein Didinium teilt sich also pro Tag mehr als dreimal und weniger als viermal; d. h. praktisch ist die Teilungsrate vollkommen konstant. Die gebrochene Linie gibt die Teilungsrate einer Abzweigung wieder, die 5 Tage lang mit „mageren“ Paramezien gefüttert wurde. Die Teilungsrate sinkt sofort auf etwa 12 Stunden. Nach neuer Fütterung mit fetten Paramezien steigt sie sofort zur normalen Höhe heran. Auf diese Weise können künstlich „rhythmische“ Schwankungen der Teilungsrate hervorgerufen werden. Nach Beers.

Möglichkeit zu rechnen, daß die Antwort für verschiedene Organismen verschieden ausfällt. Für sehr enge Beziehungen sprechen Beobachtungen an Ulvazeen[2]). Entwickelt sich eine haploide Gamete parthenogenetisch ohne Aufregulierung der Chromosomen, so entsteht wieder ein (haploider) Gametophyt mit Gameten, erfolgt aber Aufregulierung, so entsteht ein diploider Sporophyt, der unter der üblichen Reduktion Zoosporen bildet. Bei den Moosen dagegen läßt sich die Bindung an den Kernphasenwechsel aufheben. Wird nämlich diploides Sporophytengewebe zur Regeneration gebracht, so entwickelt sich daraus nicht, wie man erwarten sollte, wieder ein diploider

[1]) Oehlkers, 1937. Biol. Zentralblatt 57, 126—149.
[2]) Moewus, 1938, Arch. f. Protistenkde. 91, S. 357—441 u. Anm. 1 S. 111.

Sporophyt, sondern ein diploider Gametophyt! Sporenbildung und Reduktion lassen sich so experimentell umgehen (Aposporie). Solche Gametophyten bilden (wie üblich ohne Reduktion) diploide Keimzellen; aus der Zygote entsteht wieder ein Sporophyt, der tetraploid ist (vier haploide Chromosomensätze enthält)). Bei dessen Sporenbildung erfolgt Reduktion zu nunmehr diploiden Sporen, aus denen wieder diploide Gametophyten entstehen. Bei den Farnen ist eine ganze Reihe von aposporen Formen bekannt, und zwar als natürliche Fortpflanzungsart; erwähnt wurde oben (S. 102) schon *Athyrium*.

Beim Übergang vom Gametophyten zum Sporophyten ist zwar eine Verdoppelung des Chromosomensatzes nicht unbedingt erforderlich, wie die Apogamie von *Athyrium* und *Phascum* zeigt (S. 102), aber es scheint doch Gewebe mit wenigstens diploiden Kernen hierzu notwendig zu sein; jedenfalls ist Entstehung eines haploiden Sporophyten aus haploiden Gametophytenzellen bisher nicht mit Sicherheit bekannt. Welche eigentlich physiologischen Änderungen in solchen Fällen und damit auch im Regelfall den Generationswechsel bewirken, ist unbekannt.

Die Bedingungen des obligatorischen homophasischen Generationswechsels sind ebenfalls unbekannt. Dagegen ist der fakultative homophasische Generationswechsel und die ebenfalls stets fakultative Metagenesis und Heterogonie sowie der einfache Fortpflanzungswechsel von Außenbedingungen abhängig.

Der koloniebildende Flagellat *Eudorina elegans* hat homophasischen Generationswechsel in der Haplophase. Agame und geschlechtliche Vermehrung sind oben bereits geschildert worden (S. 15, 57 und Abb. 6). In der freien Natur findet wenigstens einmal im Jahre, im Herbst, eine Befruchtung statt. Die Zygoten überwintern, im Frühjahr schlüpfen aus ihnen agame Kolonien aus. Unter konstanten Zuchtbedingungen im Laboratorium kann *Eudorina* aber ad infinitum in rein agamer Vermehrung gehalten werden. Die Teilungsrate ist dann praktisch konstant, indem sich jede fünfte Nacht jede Zelle sukzedan fünfmal hinter-

[1]) Die Ausnahme bildet *Phascum cuspidatum* (s. S. 102), aus dessen experimentell erzeugten diploiden Gametophyten apogam diploide Sporophyten entstehen (Springer, 1935, Zeitschr. indukt. Abst. Vererbgslehre **69**, 249—269)

einander zu einer 32zelligen neuen Kolonie teilt. Ab 1915 wurden bis 1940 mehr als 9000 agame Zellgenerationen erhalten. Durch Wechsel der Zuchtbedingungen, z. B. durch Hungerschocks, läßt sich aber jederzeit geschlechtliche Fortpflanzung auslösen. Exakte Versuche an anderen Protozoen, so an *Actinophrys* und einer Reihe von Ziliaten wiesen ebenfalls die Fähigkeit zu dauernder konstanter agamer Vermehrung nach (Abb. 101 mit Beispiel für Teilungsrate). An dem Hauptversuchsobjekt dieser Richtung, *Paramecium*, gelang der Nachweis allerdings noch nicht. Zwar ist hier dauernde Ausschaltung der Konjugation möglich, aber es treten dafür häufig Autogamien ein. Jedoch könnte das an einer allmählichen Summierung minimalster Wirkungen von Außenfaktoren liegen. Bei Fütterung mit Bakterien treten nämlich in regelmäßigen Abständen Autogamien ein, bei Fütterung mit Chlorogonien (Flagellaten) dagegen lassen sie sich sehr lange hinausschieben.

Hierdurch ist zugleich die Verjüngungstheorie der Befruchtung widerlegt. Diese Theorie nahm einen Zusammenhang zwischen Fortpflanzung und Tod an, und zwar einem physiologischen Tode, der das Ergebnis eines Alterns aus inneren Gründen sein sollte. Bei rein agamer Fortpflanzung sollte ein allmähliches Altern erfolgen, das schließlich zum Tode aller Protozoen führen müßte, wenn nicht eine Befruchtung erfolge, die wie ein Jungbrunnen wirken sollte. Das ist aber, wie eben geschildert, nicht der Fall. Auch bei rein agamer Fortpflanzung altern die Protozoengenerationen nicht, sie sind potentiell unsterblich. Bei ihrer Fortpflanzung wird ja in der Regel die ganze lebende Substanz auf die beiden Tochterzellen verteilt. (Praktisch ist ihre Sterberate aus äußeren Gründen in der freien Natur natürlich außerordentlich hoch, sonst würde bei ihrer hohen Teilungsrate auch das größte Meer in kurzer Zeit nur aus Protozoen bestehen.) Sogar einzelne Protozoenzellen lassen sich als „Individuen" dauernd am Leben erhalten, wie durch die Daueramputationen an *Amoeba proteus* gezeigt werden konnte (S. 112).

Bei allen Metazoen dagegen und vielen — fraglich ob allen — Metaphyten stirbt das Individuum aus physiologischen, in der Organisation liegenden Gründen, auch wenn es von äußeren Schädigungen, Krankheiten usw. verschont bleibt. Aber das Material, aus dem die Keimzellen (oder somatische, der Fortpflanzung dienende Zellen) hervorgehen, das Keimplasma, bleibt vom physiologischen Altern verschont. Generation folgt auf Generation, ohne daß spätere Generationen früher sterben als vorangegangene. Durch die Kontinuität und das Nichtaltern des Keimplasmas ist die Kontinuität des Lebens, im Einzelfalle die Erhaltung der Art, gewährleistet (natürlich nur solange nicht äußere Katastrophen über die Erde hereinbrechen). Selbstverständlich ist aber das Keimmaterial nicht „immun" und wird sekundär in einem alten Individuum in Mitleidenschaft gezogen werden. Wie weitgehend es aber altersphysiologisch abgekapselt sein kann, zeigen Versuche an dem Oligochäten *Aeolosoma hemprichi*[1]). Dieser Wurm pflanzt sich in der Regel ungeschlechtlich durch Knospung fort (Abb. 17 und S. 107). Die Individuen altern allmählich und sterben bei 18—20° etwa 150 Tage nach ihrer Entstehung. Bei alternden Individuen sinkt die Vermehrungsrate, d. h. die Zellen der Knospungszone teilen sich langsamer. Wenn das Individuum stirbt, wird auch die am Hinterende befindliche Knospungszone vernichtet, die aus embryonalen somatischen Zellen besteht (S. 23). Dennoch ist dieses Keimmaterial völlig unberührt von jedem physiologischen Altern geblieben. Denn die letzte Knospe, die sich von einem schon absterbenden Individuum ablöst, wird wieder 150 Tage alt, ebenso die letzte Knospe dieses Individuums. Auch die Teilungsrate ist wie bei der Mutter erst höher, dann niedriger. Die Verzögerung der Zellteilungen im alten Tier beruht also offensichtlich nur auf einem herabgesetzten Stoffwechsel der Knospungszone, jedenfalls nicht auf einer irreversiblen Schädigung, während physiologisches Altern irreversibel ist und zum Tode führt.

Warum die nur vegetativen Funktionen dienenden Zellen und damit die Individuen der Vielzeller altern und sterben, ist noch problematisch.

Eine Beziehung zwischen Fortpflanzung und Altern in dem Sinne der Verjüngungstheorie der Befruchtung besteht also

[1]) Hämmerling, 1932, Naturwiss. **20**, S. 97—102 und 116—122.

nicht. Verschiedene Versuche lassen es aber als möglich erscheinen, daß die Zellen zwischen zwei Teilungen altern und daß die Teilung als solche verjüngend wirkt. Ein strenger Beweis fehlt indessen noch. Noch in einer dritten Hinsicht besteht zwischen Fortpflanzung und Tod eine Beziehung, die aber vorderhand nur als Tatsache hingenommen werden kann, ohne sich theoretisch eindeutig auswerten zu lassen. Es war schon darauf hingewiesen worden, daß bei *Volvox* die Mutterkolonie in dem Augenblick stirbt, in dem die junge Kolonie frei wird. Bei Gregarinen und anderen Protozoen wird bei der Fortpflanzung nicht die ganze lebende Substanz verteilt, sondern es bleibt ein Restkörper übrig, der abstirbt. (Abb. 47, S. 55.) —

Auch bei Tieren mit metagenetischem Generationswechsel hängt es nur von Außenfaktoren ab, ob ungeschlechtliche oder geschlechtliche Vermehrung erfolgt. Dies wurde für das Turbellar *Stenostomum* und für das schon geschilderte *Aeolosoma* mit exakten Zuchtbedingungen nachgewiesen. *Aeolosoma* vermehrte sich von 1922—1940 bei 26° vegetativ, auf 18° umgerechnet, würde ein Zeitraum von 36 Jahren herauskommen (unveröffentlicht). Der marine Wurm *Ctenodrilus* hat sich in einem Aquarium wahrscheinlich von 1881—1942 rein ungeschlechtlich vermehrt[1]). Welche Faktoren bei diesen Formen sexualitätsauslösend wirken, ist unbekannt. Dagegen lassen sich Hydren (die nur einfachen Fortpflanzungswechsel haben) durch Milieuänderungen und Futterknappheit zur Sexualität bringen, unter konstanten Bedingungen aber wieder dauernd vegetativ in Vermehrung halten. Bei den Metaphyten mit Fortpflanzungswechsel ist offenbar auch ständige rein vegetative Vermehrung möglich (z. B. Pappeln, Kartoffeln, Kalmus, der sich bei uns nur vegetativ, in seiner ostasiatischen Heimat aber geschlechtlich vermehrt).

Bei den Metazoen mit Heterogonie schließlich ist ein innerer vererbter Rhythmus für den Generationswechsel verantwortlich gemacht worden. Rotatorien, Blattläuse, Gallmücken[2]) und

[1]) Korschelt, 1937, Zool. Anz. **120**, S. 19—20, **137**, 162—166 (1942).

[2]) Ulrich, 1936, Zeitschr. ind. Abst.- u. Vererb.lehre **71**, S. 1—60; 1940, Naturw. **28**, 569-576, u. 586-591; 1941, Forschg. u. Fortschr. **17**, 43-61.

Kladozeren[1]) können sich aber dauernd rein parthenogenetisch vermehren. Der Generationswechsel wird auch hier nur durch Außenfaktoren ausgelöst. Trotz sorgfältigster Kulturbedingungen bei Kladozeren und Gallmücken hat sich aber der entscheidende Außenfaktor noch nicht mit Sicherheit ermitteln lassen. Bei den ersten wirkt z. B. Änderung der Futtermenge und -qualität zusammen mit Lichtmangel auslösend, bei den Gallmücken wahrscheinlich die Futtermenge. Da die Außenfaktoren bestimmte innere Zustände hervorrufen, ist damit zu rechnen, daß der gleiche innere für den Fortpflanzungswechsel verantwortliche Zustand durch verschiedene Außenfaktoren hervorgerufen werden kann, es also einen einzigen spezifischen Außenfaktor gar nicht gibt. Für die Gallmücken seien noch zwei interessante Einzelheiten angeführt: 1. findet bei ihnen die parthenogenetische Fortpflanzung schon auf dem Larvenstadium statt, ein Vorgang, der als Pädogenese bezeichnet wird, 2. wurde bisexuelle Fortpflanzung der Imagines erst einmal beobachtet. Diese spielt praktisch vielleicht keine Rolle mehr, wonach der Generationswechsel in Richtung auf rein parthenogenetische Fortpflanzung rückgebildet wäre. Rein parthenogenetische Fortpflanzung kommt ja, wie S. 80 angeführt, bei einer Reihe von Metazoen vor und ist auch bei diesen teilweise vielleicht das Überbleibsel einer Heterogonie.

---

[1]) Mortimer, 1935, Naturwiss. **23**, S. 476—480. — Derselbe, 1936, Zool. Jahrb., Abt. allg. Zool. u. Phys. **56**, S. 323—388. — v. Dehn, 1937, ebenda **58**, S. 241—272.

Erklärung der hauptsächlichsten Fachausdrücke.

agam: Fortpflanzung ohne Befruchtung (gr. *ágamos* = ehelos).

Agametangium: Organ, in dem Agameten erzeugt werden (s. Gametangium).

Agameten: ungeschlechtliche Keimzellen (gr. *a* = ohne, *gamétes* = Ehemann).

Agamogonie: ungeschlechtliche Fortpflanzung von einzelnen Keimzellen ausgehend (gr. *gignomai* = ich erzeuge).

Amitose: direkte Kernteilung ohne Chromosomenausbildung (gr. *a* = ohne, *mitos* = Faden [Chromosom]).

Amphimixis: Befruchtung zweier von verschiedenen Individuen stammenden Keimzellen (gr. *amphi* = zu beiden Seiten, *mixis* = Mischung).

Andrözeum: männlicher Teil einer Blüte (gr. *andrós* = des Mannes, *oikos* = Haus).

Androgamone, Androtermone s. Gamone, Termone.

Anisogamie: Kopulation morphologisch verschiedener Keimzellen (gr. *ánisos* = ungleich, *gamein* = heiraten).

Anthere: Staubbeutel der Blütenpflanzen, in dem die Pollenkörner = Mikrosporen entstehen (gr. *antherós* = blühend männlich).

Antheridien: männliche Geschlechtsorgane bei niederen Pflanzen (gr. *antherós* = blühend, kräftig, männlich; *eidos* = Gestalt).

Aplanosporen: unbewegliche Agameten, s. Planosporen.

Apogamie: Fortpflanzung ohne Befruchtung (gr. *apó* = ohne, *gamein* = heiraten).

Archegonien: weibliche Geschlechtsorgane niederer Pflanzen (gr. *arché* = Anfang, *gónos* = Geschlecht).

Autogamie: Selbstbefruchtung (gr. *autós* = selbst, *gamein* = heiraten).

Automixis: Selbstbefruchtung (gr. *autós* = selbst, *mixis* = Mischung).

Chemotaxis: Ordnung der Bewegungsrichtung, also Anlockung durch chemische Stoffe (gr. *táxis* = Ordnung).

Chromosom: Kernfäden (bei der Mitose, stark färbbar, von gr. *chróma* = Farbe, *sóma* = Körper).

Dikaryon: Kern nach der Befruchtung (gr. *di* = zwei, *káryon* = Kern).

diplo-id: zwei Chromosomensätze besitzend (gr. *diploús* = doppelt, *ídios* = eigen).

Diplonten: Organismen, die vegetativ stets zwei Chromosomensätze führen.

Diplophase: Lebensphase eines Organismus mit zwei Chromosomensätzen.

Embryosack: der weibliche Gametophyt der Blütenpflanzen.

Endosperm: Nährgewebe für den Embryo der Blütenpflanzen (gr. *éndon* = innen, *spérma* = Samen).

Gametangien: Geschlechtsorgane (Gametenbehälter, gr. *ángos* = Gefäß).

Gameten: Geschlechtszellen (gr. *gamétes* = Ehemann).

Gametophyt: Generation mit haploidem Chromosomensatz, die Gameten bildet (gr. *phytón* = Pflanze).

Gamogonie: geschlechtliche Fortpflanzung (gr. *gamein* = heiraten, *gignomai* = ich erzeuge).

Gamone: kopulationsbedingende Stoffe (gr. *gamein* = heiraten); Androgamone: kopulationsbedingende Stoffe der männlichen, Gynogamone: kopulationsbedingende Stoffe der weiblichen Keimzellen (gr. *andrós* = des Mannes, *gyné* = Weib).

Gonade: Geschlechtsdrüse (gr. *gónos* = Geschlecht, *adén* = Drüse).

Gonen: die aus den Reifeteilungen hervorgegangenen haploiden Zellen.

Gynäzeum: weiblicher Teil einer Blüte (gr. *gyné* = Weib, *oíkos* = Haus).

Gynogamone, Gynotermone s. Gamone, Termone.

haplo-id: nur einen Chromosomensatz besitzend (gr. *haploús* = einfach, *ídios* = eigen).

Haplonten: Organismen, die vegetativ stets nur einen Chromosomensatz führen.

Heterogonie: Wechsel zwischen Generationen mit verschiedener geschlechtlicher Fortpflanzung (gr. *héteros* = ungleich, *gónos* = Geschlecht).

Heterözie: Getrenntgeschlechtlichkeit (gr. *héteros* = ungleich, *oíkos* = Haus).

Hologamie: Befruchtungsvorgang, bei dem die Keimzellen aus dem ganzen Individuum bestehen (gr. *hólos* = ganz, *gamein* = heiraten).

Isogamie: Kopulation morphologisch gleicher Keimzellen (gr. *ísos* = gleich, *gamein* = heiraten).

Karyokinese: indirekte Kernteilung unter Ausbildung und Verteilung von Chromosomen (gr. *káryon* = Kern, *kinein* = bewegen).

Konjugation: Befruchtung der Ziliaten (lat. *Conjugatio* = Verbindung).

Kopulation: Vereinigung zweier Gameten (lat. *copulare* = vereinigen).

Makrospore: Ausgangszelle des weiblichen Gametophyten bei heterosporen Farnen und Blütenpflanzen.

Makrosporophylle: Blätter, auf denen die Makrosporen entstehen (gr. *makrós* = groß, *spóros* = Keim, *phýllon* = Blatt).

Merogamie: Befruchtung von Keimzellen, die von einem Individuum gebildet werden (gr. *méros* = Teil, *gamein* = heiraten) s. Hologamie.

Metagenesis: Wechsel vegetativ und geschlechtlich sich fortpflanzender Generationen (gr. *metá* = nach, hintereinander, *génesis* = Entstehung).

Mikrosporen: Ausgangszelle des männlichen Gametophyten bei heterosporen Farnen und Blütenpflanzen (gr. *mikrós* = klein).

Mikrosporophylle: Blätter, auf denen Mikrosporen entstehen, s. Makrosporophylle.

Mitose: indirekte Kernteilung (s. Amitose).

Oogenese: Eibildung (gr. *oón* = Ei, *génesis* = Entstehung).

Ovar: weibliche Keimdrüse (Eibehälter von lat. *óvum* = Ei).

Pädogamie: Kopulation von Schwesterzellen (gr. *paidós* = des Kindes, *gamein* = heiraten).

Parthenogenese: Jungfernzeugung (gr. *parthénos* = Jungfrau, *génesis* = Entstehung).

Planosporen: bewegliche Agameten (gr. *planásthai* = umherirren, *spóros* = Keim).

Planozygote: bewegliche Zygote (gr. *planásthai* = umherirren, s. Zygote).

Spermatozoon: Samenzelle (gr. *spérma* = Same, *zóon* = Tier).

Spermiogenese: Samenzellbildung.

Spermium: Samenzelle.

Soma: Körperzellen im Gegensatz zu Keimzellen (gr. *sóma* = Körper).

Spore: agame Keimzelle (gr. *spóros* = Keim).

Sporophyt: Generation mit diploidem Chromosomensatz, die Sporen bildet (gr. *spóros* = Keim, *phytón* = Pflanze).

Sukzedanteilungen: aufeinanderfolgende Kern- und Zellteilungen ohne dazwischenliegendes Wachstum (lat. *succédere* = aufeinanderfolgen).

Synözie: Gemischtgeschlechtlichkeit (gr. *sýn* = zusammen, *oíkos* = Haus).

Termone: geschlechtsbestimmende Stoffe (lat. *terminus* = Grenze, *determinieren* = bestimmen;

Androtermone: männlich geschlechtsbestimmende Stoffe (gr. *andrós* = des Mannes).

Gynotermone: weiblich geschlechtsbestimmende Stoffe (gr. *gyné* = Weib).

Zentrosom: Zentralkörper, die bei der Mitose die Pole der Spindel einnehmen (gr. *sóma* = Körper).

Zoosporen: bewegliche Agameten (gr. *zóon* = Tier, *spóros* = Keim).

Zygote: die aus der Befruchtung zweier Gameten entstandene Zelle (von gr. *zeúgnymi* = ich verbinde).

Register.

Einführung in die Zoologie. Von H. von Lengerken. Für Studierende der Naturwissenschaften und der Medizin. Mit 208 Abb. Gr.-Oktav. 1949. 201 S. Ganzleinen DM 12,50

Entwicklungsgeschichte des Pflanzenreiches. Von H. Heil. 2. Aufl. Mit 94 Abb. 1950. In Vorbereitung. (Sammlung Göschen Bd. 1137) . . . . DM 2,40

Geschlecht und Geschlechtsbestimmung im Tier- und Pflanzenreich. Von M. Hartmann. 2. Aufl. Mit 62 Abb. 1950. In Vorbereitung. (Sammlung Göschen Bd. 1127) DM 2,40

Grundriß der allgemeinen Mikrobiologie. Von W. Schwartz. Bd. I: Mit 17 Abb. 1949. 104 S. — Bd. II: Mit 12 Abb. 1949. 93 S. (Sammlung Göschen Bd. 1155 u. 1141) je DM 2,40

Hormone. Von G. Koller. 2. Aufl. Mit 60 **Abb.** u. 19 Tab. 1949. 187 S. (Sammlung Göschen Bd. 1141) . . DM 2,40

Pflanzengeographie. Von L. Diels. 4., verb. Aufl. Mit 1 Karte. 1945. 167 S. (Sammlung Göschen Bd. 389) . . DM 2,40

Pflanzenzüchtung. Von H. Kuckuck. 2., durchges. Aufl. Mit 12 Abb. 1944. 125 S. (Sammlung Göschen Bd. 1134) DM 2,40

Symbiose der Tiere mit pflanzlichen Mikroorganismen. Von P. Buchner. 2., verb. u. verm. Aufl. Mit 121 Abb. 1949. 130 S. (Sammlung Göschen Bd. 1128) . . . . . DM 2,40

Vergleichende Physiologie der Tiere. Von K. Herter. Bd. I: Stoff- und Energiewechsel. 3. Aufl. Mit 64 Abb. 1950. 155 S. — Bd. II: Bewegung und Reizerscheinungen. 3. Aufl. Mit 110 Abb. 1950. 148 S. (Sammlung Göschen Bd. 972 und 973) je DM 2,40

Von deutschen Bäumen. Von W. Schoenichen. Mit 16 Tafeln und 15 Abb. 1950. 209 S. . . In Ganzleinen DM 5,80
Einen Dreiklang von Botanik, Kulturgeschichte und Poesie kann man dies Büchlein des langjährigen Leiters des deutschen Naturschutzes nennen.

WALTER DE GRUYTER & CO., BERLIN W35

Als 1889

„Klopstocks Oden" als erster Band der Sammlung Göschen

erschienen, blickte die G. J. Göschen'sche Verlagshandlung bereits auf ein Jahrhundert ihres Bestehens zurück. 1785 gründete Georg Joachim Göschen den Verlag und machte ihn durch die erste vierbändige Ausgabe der Werke Goethes, die Gesamtausgabe von Wielands Schriften, Schillers Don Karlos und andere Werke der klassischen Literatur schnell berühmt. Dieser vorwärtsdrängende Geist erwies sich weiterhin lebendig, als die Entwickelung der wirtschaftlichen und technischen Zeitverhältnisse längst das Interesse der Allgemeinheit von der reinen Dichtung zum Gebrauchsbuch geführt hatte.

Der große Gedanke, die Errungenschaften der Wissenschaften, Künste und Technik in knappster Form und zu billigem Preise einem weiten Leserkreis nahezubringen, wurde erstmalig in der »Sammlung Göschen« verwirklicht. Es ist kulturhistorisch interessant, an ihrer mehr als sechzigjährigen Geschichte die Veränderung des Zeitgeistes zu beobachten, zugleich aber auch die Hebung des geistigen Niveaus der Sammlung festzustellen. Stellten sich noch die allerersten Bändchen überwiegend auf die geistigen Bedürfnisse der obersten Klassen Höherer Schulen in ihrer ausgesprochenen philologischen und historischen Ausrichtung ein, treten nach der Jahrhundertwende die exakten Wissenschaften und die praktische Meisterung technischer Probleme in den Vordergrund. Gleichzeitig mit der Hebung der Allgemeinbildung wächst auch der Kreis der Benutzer. Der Aufbau der Sammlung folgt bereitwillig den neuen Strömungen. Grundsätzlich wird nun Gehalt und Gestalt auf den an Hochschulen üblichen Lehrstoff abgestellt, so daß die »Sammlung Göschen« das beliebteste und begehrteste Rüstzeug des Studenten wird. Wenn auch die steigenden Lebenshaltungskosten eine Anpassung des Preises erzwingen, so ist gerade in Zeiten der wirtschaftlichen Not, wie sie Deutschland seit dem Zusammenbruch durchlebt, das knappe, wissenschaftlich gediegene, allgemeinverständliche, billige Buch der erwünschte Helfer für alle Vorwärtsstrebenden, seien es Studenten oder Gelehrte, Arbeiter oder Männer der Wirtschaft und Technik.

Naturwissenschaften und Technik

Mathematik

Formelsammlungen, Logarithmentafeln

Mathematische Formelsammlung	von *F. Ringleb.* 5., verbesserte Aufl. Mit 57 Fig. 274 S. 1949.	51
Formelsammlung zur praktischen Mathematik	von *G. Schulz.* Durchgesehener Neudruck. Mit 10 Abb. 147 S. 1945.	1110
Vierstellige Tafeln und Gegentafeln	für logarithmisches und trigonometrisches Rechnen in zwei Farben zusammengestellt von *H. Schubert* und *R. Haussner.* Neudruck. 1951. In Vorbereitung.	81
Fünfstellige Logarithmen	Mit mehreren graphischen Rechentafeln und häufig vorkommenden Zahlwerten. Von *A. Adler.* 2. Aufl. Neudruck. 1. Tafel. 127 S. 1949.	423

Arithmetik und Algebra

Einführung in die Zahlentheorie	von *A. Scholz.* Neudruck. 136 S. 1945.	1131
Arithmetik	von *P. B. Fischer.* 2. Aufl. Neudruck. Mit 19 Abb. 152 S. 1951. In Vorbereitung.	47
Höhere Algebra	von *H. Hasse.* I. Lineare Gleichungen. 3. Aufl. 152 S. 1951.	931
	II. Gleichungen höheren Grades. 3. Aufl. 5 Fig. 158 S. 1951.	932
Determinanten	von *P. B. Fischer.* 4. Aufl. Neudruck. 116 S. 1951. In Vorbereitung.	402

Mathematik

Gruppentheorie	von *L. Baumgartner.* 2. Aufl. Mit 6 Fig. 115 S. 1949.	837
Aufgabensammlung zur höheren Algebra	von *H. Hasse* und *W. Klobe.* 2. Aufl. 1951. In Vorbereitung.	1082
Mengenlehre	von *E. Kamke.* 3. Aufl. Mit 6 Fig. 160 S. 1951. In Vorbereitung.	999

Analysis

Elemente der Funktionentheorie	von *K. Knopp.* 3. Aufl. Mit 23 Fig. 144 S. 1949.	1109
Funktionentheorie	I: Grundlagen der allgemeinen Theorie der analytischen Funktion von *K. Knopp.* Mit 8 Fig. 7. Aufl. 139 S. 1949.	668
	II: Anwendungen und Weiterführung der allgemeinen Theorie. Mit 7 Fig. 7. Aufl. 130 S. 1949.	703
Aufgabensammlung zur Funktionentheorie	I: Aufgaben zur elementaren Funktionentheorie von *K. Knopp.* 4. Aufl. 135 S. 1949.	877
	II: Aufgaben zur höheren Funktionentheorie. 4. Aufl. 151 S. 1949.	878
Gewöhnliche Differentialgleichungen	von *G. Hoheisel.* 4., neubearb. Auflage. 129 S. 1951. In Vorbereitung.	920
Partielle Differentialgleichungen	von *G. Hoheisel.* 3. Aufl. 1951. In Vorbereitung.	1003
Aufgabensammlung zu den gewöhnlichen und partiellen Differentialgleichungen	von *G. Hoheisel.* 2. Aufl. 1951. In Vorbereitung.	1059

Mathematik

Differentialrechnung	von *A. Witting*. 3., neubearb. Aufl. Mit 95 Fig. und 200 Beispielen. Durchgesehener Neudruck. 201 S. 1949.	87
Repetitorium und Aufgabensammlung zur Differentialrechnung	von *A. Witting*. 2. Aufl. Neudruck. 122 S. 1949.	146
Integralrechnung	2., verbesserte Aufl. von *A. Witting*. Durchgesehener Neudruck. Mit 62 Fig. und 190 Beispielen, 176 S. 1949.	88
Repetitorium und Aufgabensammlung zur Integralrechnung	von *A. Witting*. 2. Aufl. Neudruck. 121 S. 1949.	147
Einführung in die konforme Abbildung	von *L. Bieberbach*. 4. Aufl. Mit 42 Zeichnungen. 147 S. 1949.	768

Geometrie

Darstellende Geometrie	von *R. Haussner*. 1. Teil: Elemente, ebenflächige Gebilde 6., unveränderte Auflage. Mit 110 Fig. 207 S. 1947.	142
	2. Teil: Perspektive ebener Gebilde, Kegelschnitte. 5., unveränderte Aufl. Mit 88 Fig. 168 S. 1947.	143
Sammlung von Aufgaben und Beispielen zur analytischen Geometrie der Ebene	von *R. Haussner*. Neudruck. Mit 22 Fig. 139 S. 1949.	256
Ebene und sphärische Trigonometrie	von *H. Hessenberg*. 3., neubearbeitete Auflage, durchges. Neudruck. 1951. In Vorbereitung.	99

Mathematik

Differentialgeometrie	Raumkurven und Anfänge der Flächentheorie von *R. Rothe*. Neudruck. 32 Abb., 132 S. 1951. In Vorbereitung.	1113
Nichteuklidische Geometrie	von *R. Baldus*. 3. Aufl. Mit 71 Fig. 152 S. 1951. In Vorbereitung.	970

Angewandte Mathematik

Vermessungskunde	von *P. Werkmeister*.	
	I. Stückmessung und Nivellieren 9. Aufl. Mit 145 Figuren. 172 S. 1949.	468
	II. Messung von Horizontalwinkeln. Festlegung von Punkten im Koordinatensystem. Absteckungen. 7. Aufl. Mit 63 Fig. 151 S. 1949.	469
	III. Trigonometrische und barometrische Höhenmessung. Tachymetrie und Topographie. 6. Aufl. Mit 64 Fig. 147 S. 1951. In Vorbereitung.	862
Praktisches Zahlenrechnen	von *P. Werkmeister*. 4. Aufl. Mit 60 Fig. 136 S. 1951. In Vorbereitung.	405
Versicherungsmathematik	von *F. Böhm*.	
	I: Elemente der Versicherungsrechnung 2., vermehrte und verbesserte Auflage. Neudruck. 149 S. 1951.	180
	II: Lebensversicherungsmathematik. Einführung in die technischen Grundlagen der Sozialversicherung. 1951. In Vorbereitung.	917
Vektoralanalysis	von *S. Valentiner*. 7., wesentl. veränderte Auflage. Mit 19 Fig. 138 S. 1950.	354

Geschichte

Geschichte der Mathematik	von *J. E. Hofman.* I: Von den Anfängen bis zum Auftreten von Format und Descartes. 192 S. 1951. In Vorbereitung.	226

Physik

Physikalische Formelsammlung	von *G. Mahler.* 8., verbess. Aufl. 153 S. 1950.	136
Physikalische Aufgabensammlung	von *G. Mahler.* 7. Aufl. 128 S. 1951. In Vorbereitung.	243
Differentialgleichungen der Physik	von *E. Sauter.* 2. Aufl. Mit 16 Fig. 148 S. 1950.	1070
Einführung in die Kristalloptik	von *E. Buchwald.* 4. Aufl. 116 Fig. 134 S. 1951. In Vorbereitung.	619
Physikalisch-Chemische Rechenaufgaben	von *E. Asmus.* 2. Aufl. 96 S. 1949.	445
Vektoranalysis	von *S. Valentiner.* 7., wesentl. veränderte Auflage. Mit 19 Fig. 138 S. 1950.	354

Chemie

Allgemeine und anorganische Chemie

Geschichte der Chemie	Bd. I: Vom Altertum bis zur Entdeckung des Sauerstoffs von *G. Lockemann.* Mit 8 Abb. 143 S. 1950.	264

Chemie

Allgemeine und physikalische Chemie	von *W. Schulze.* I. Teil. 3., durchgesehene Auflage. Mit 22 Fig. 146 S. 1949.	71
	II. Teil. 3., durchgesehene Auflage. Mit 36 Fig. 160 S. 1949.	698
Physikalisch-Chemische Rechenaufgaben	von *E. Asmus.* 2. Aufl. 96 S. 1949.	445
Anorganische Chemie	von *W. Klemm.* 6. Aufl. Mit 18 Abb. 184 S. 1944.	37
Thermochemie	von *W. Roth.* 2., verbesserte Aufl. 109 S. 1947.	1057
Stöchiometrische Aufgabensammlung	mit den Ergebnissen von *W. Bahrdt* und *R. Scheer.* 5. Aufl. 1951. In Vorbereitung.	452

Organische Chemie

Organische Chemie	von *W. Schlenk.* 5. Aufl. Mit 17 Fig. 239 S. 1949.	38

Experimentelle Chemie

Analytische Chemie	von *J. Hoppe.* I: Reaktionen. 5., verbesserte Aufl. 135 S. 1950.	247
	II: Gang der qualitativen Analyse. 5., verbesserte Aufl. 168 S. 1950.	248
Maßanalyse	Theorie und Praxis der klassischen und der elektrochemischen Titrierverfahren von *G. Jander* und *K. F. Jahr.* Band 1: 6. Aufl. 140 S. 1951. In Vorbereitung.	221
	Band 2: 5. Aufl. Mit 24 Fig. 139 S. 1948.	1002

Elektrochemie

Titel	Angaben	Nr.
Elektrochemie und ihre physikalisch-chemischen Grundlagen	von *A. Dassler.* Bd. I: Mit 21 Abb. 149 S. 1950.	252
	Bd. II: Mit 17 Abb. 178 S. 1950.	253

Naturwissenschaften

Biologie

Titel	Angaben	Nr.
Hormone	von *G. Koller.* 2. Aufl. Mit 60 Abb. und 19 Tab. 187 S. 1949.	1141
Geschlecht und Geschlechtsbestimmung im Tier- und Pflanzenreich	von *M. Hartmann.* 2. Aufl. Mit 62 Abb. 155 S. 1951. In Vorbereitung.	1127
Fortpflanzung im Tier- und Pflanzenreich	von *J. Hämmerling.* 2., ergänzte Aufl. Mit 101 Abb. 135 S. 1951.	1138
Grundriß der allgemeinen Mikrobiologie	von *W. Schwartz.* Band I. Mit 17 Abb. 104 S. 1949.	1155
	Band II. Mit 12 Abb. 93 S. 1949.	1157
Symbiose der Tiere mit pflanzlichen Mikroorganismen	von *P. Buchner.* 2., verb. und vermehrte Auflage. Mit 121 Abb. 130 S. 1949.	1128

Botanik

Titel	Angaben	Nr.
Entwicklungsgeschichte des Pflanzenreiches	von *H. Heil.* 2. Aufl. Mit 94 Abb. und 1 Tab. 138 S. 1950.	1137
Morphologie der Pflanzen	von *L. Geitler.* 3. Aufl. 1951. In Vorbereitung.	141
Pflanzengeographie	von *L. Diels.* 4., verb. Aufl. Mit 1 Karte. 167 S. 1945.	389

Naturwissenschaften

Pflanzenzüchtung	von *H. Kuckuck*. 2., durchges. Aufl. Mit 12 Abb. 125 S. 1944.	1134
Die Laubhölzer	von *W. Neger* und *E. Münch*. 3., durchges. Aufl., herausgegeben von *B. Huber*. Mit 63 Fig. und 7 Tab. 142 S. 1950.	718

Zoologie

Vergleichende Physiologie der Tiere	von *K. Herter*. I: Stoff- und Energiewechsel. 3. Aufl. Mit 64 Abb. 155 S. 1950.	972
	II: Bewegung und Reizerscheinungen. 3. Aufl. Mit 110 Abb. 148 S. 1950.	973

Geologie - Mineralogie - Kristallographie

Geologie	von *H. Cloos*. 3. Aufl. 77 Abb. 144 S. 1951. In Vorbereitung.	13
Mineralogie	von *R. Brauns* und *K. F. Chudoba*. 8., neubearb. Aufl. Mit 125 Textfiguren und 9 Abb. auf einer Tafel. 143 S. 1943.	29
Petrographie	von *W. Bruhns*. 3., durchgesehene Aufl. Mit 10 Figuren. 117 S. 1949.	173
Kristallographie	von *W. Bruhns* und *P. Ramdohr*. 4. Aufl. 1951. In Vorbereitung.	210
Lötrohrprobierkunde	Mineraldiagnose mit Lötrohr und Tüpfelreaktion von *M. Henglein*. 3., verb. Aufl. Mit 11 Fig. 91 S. 1949.	483

Land- und Forstwirtschaft

Ingenieurwissenschaften

Allgemeines

Ingenieurwissenschaften

Metallkunde

von *H. Borchers.*
I: Aufbau der Metalle und Legierungen.
Mit 2 Tab. und 90 Abb. 3. Aufl. 110 S. 1951. 432

II: Eigenschaften, Grundzüge der Form und Zustandsgebung.
2. Aufl. Mit 8 Tab., 100 Abb. 154 S. 1951.
In Vorbereitung. 433

Technische Schwingungslehre

von *L. Zipperer.* Bd. I. 2. Aufl 1951.
In Vorbereitung. 953

Maschinenbau

Die Maschinenelemente

von *E. vom Ende.* 2., verbesserte Aufl.
Mit 175 Fig. und 12 Taf. 159 S. 1950. 3

Das Maschinenzeichnen mit Einführung in das Konstruieren

von *W. Tochtermann.*
I: Das Maschinenzeichnen.
4. Aufl. Mit 77 Tafeln. 156 S. 1950. 589

II: Ausgeführte Konstruktionsbeispiele.
4. Aufl. Mit 58 Tafeln. 130 S. 1950. 590

Die Dampfkessel und Feuerungen einschließlich Hilfseinrichtungen

in Theorie. Konstruktion und Berechnung.
von *W. Marcard,* neubearb. von *K. Beck.*
I: Die theoretischen Grundlagen.
Wärme, Verbrennung, Wärmeübertragung
Mit 42 Abb. und 16 Tab. 150 S. 1951.
In Vorbereitung. 9

II: Dampfkessel.
Mit 53 Abb. und mehreren Tab.
2. Aufl. 138 S. 1951. In Vorbereitung. 521

Gießereitechnik

von *H. Jungbluth.* I. Teil: Eisengießerei.
Mit zahlreichen Abb. 136 S. 1951.
In Vorbereitung. 1159

Autogenes Schweißen und Schneiden

von *H. Niese.* 5. Aufl., neubearb. von *A. Küchler.* Mit 71 Fig. 136 S. 1951.
In Vorbereitung. 499

Ingenieurwissenschaften

Hoch- und Tiefbau

Titel	Angaben	Nr.
Die wichtigsten Baustoffe des Hoch- und Tiefbaues	von *O. Graf.* 3., verb. Aufl. Mit 58 Abb. 126 S. 1947.	984
Baustoffverarbeitung und Baustellenprüfung des Betons	von *A. Kleinlogel.* Mit 35 Abb. 126 S. 1950.	970
Grundlagen des Stahlbetonbaues	von *A. Troche.* 2. Aufl. 1951. In Vorbereitung.	1078
Fenster, Türen, Tore aus Holz und Eisen	von *W. Wickop.* 3., überarbeitete und ergänzte Aufl. Mit 96 Abb. 154 S. 1949.	1092

Elektrotechnik

Titel	Angaben	Nr.
Die Gleichstrommaschine	von *K. Humburg.* I: Durchgesehener Neudruck. Mit 59 Abb. 102 S. 1949.	257
	II: Durchgesehener Neudruck. Mit 38 Abb. 98 S. 1949.	881
Die synchrone Maschine	von *K. Humburg.* Mit 79 Bildern. 109 S. 1950.	1146
Transformatoren	von *W. Schäfer.* 2. Aufl. Mit 74 Abb. 128 S. 1949.	952
Die komplexe Berechnung von Wechselstromschaltungen	von *H.-H. Meinke.* Mit 114 Abb. 160 S. 1949.	1156
Theoretische Grundlagen zur Berechnung der Schaltgeräte	von *F. Kesselring.* 3. Aufl. Mit 92 Abb. 143 S. 1950	711
Elektromotorische Antriebe	(Grundlagen für die Berechnung) von *A. Schwaiger.* 3. Aufl. 32 Abb. 102 S. 1951.	827

Überspannungen und Überspannungsschutz von *G. Frühauf*. Neudruck. Mit 98 Abb. 122 S. 1951. 1132

Wasserbau

Verkehrswasserbau von *H. Debnert*.

I: Entwurfsgrundlagen. Flußregelungen Mit 52 Textabb. 102 S. 1950. 585

II: Flußkanalisierungen und Schiffahrtskanäle. Mit 60 Textabb. 92 S. 1950. 597

III. Schleusen und Hebewerke. Mit 70 Textabb. 98 S. 1950. 1152

Technologie

Warenkunde von *K. Hassak* und *E. Beutel*.

Bd. I: Anorganische Waren sowie Kohle und Erdöl. Mit 19 Fig. 116 S. 1947. 222

Bd. II: Organische Waren. Mit 32 Fig. 143 S. 1949. 223

Die Fette und Öle von *K. Braun*. 5. Aufl. Vollständig neubearb. und verbess. von *Th. Klug*. 142 S 1950. 335

Unsere Verlage

Walter de Gruyter & Co.

Vormals G. J. Göschen'sche Verlagshandlung – J. Guttentag, Verlagsbuchhandlung – Georg Reimer – Karl J. Trübner – Veit & Co. – Berlin W 35

Cram, de Gruyter & Co. m. b. H.

Hamburg I, Messberghof 8

A. Marcus & E. Weber's Verlag, Berlin W 35

J. Schweitzer Verlag, Berlin W 35

Technischer Verlag Herbert Cram, Berlin W 35

Therapeutische Registratur, Berlin W 35

Alfred Töpelmann Verlag, Berlin W 35

Unsere Verlagsgebiete

Theologie · Religionswissenschaft · Philosophie · Psychologie · Pädagogik · Geschichte · Soziologie · Rechts- und Staatswissenschaften · Volkswirtschaft · Handelswissenschaft · Biographien · Schachliteratur · Kulturgeschichte · Vorgeschichte · Archäologie · Literaturwissenschaft · Sprachwissenschaft · Orientalistik · Kunst · Musik · Mathematik · Astronomie · Physik · Chemie · Geologie · Mineralogie · Biologie · Botanik · Zoologie · Erd- und Völkerkunde · Medizin · Psychiatrie · Hygiene · Tierheilkunde · Pharmazie · Technik · Bauwesen · Berg- und Hüttenwesen · Technologie · Land- und Forstwirtschaft.

*

Der »Verlagskatalog 1749–1949« enthält alle Werke und Zeitschriften unserer Verlage, die noch lieferbar sind. Über die laufende Produktion unterrichten die Auswahlkataloge »Für Studium und Praxis«. Sie liegen für die Gebiete Mathematik – Naturwissenschaften – Rechtswissenschaften – Theologie – Medizin vor, weitere folgen für die anderen Disziplinen.

Prospekte für alle Neuerscheinungen stehen jederzeit zur Verfügung.

Druck: Brüder Hartmann, Berlin 4 51 80 000